BCG
頂尖人才
培育術

外商顧問公司
讓人才發揮潛力、持續成長的祕密

BCGの特訓

木村亮示 Ryoji KIMURA、
木山聰 Satoshi KIYAMA｜著
方瑜｜譯
徐瑞廷｜編審

經營管理 133

BCG頂尖人才培育術：
外商顧問公司讓人才發揮潛力、持續成長的祕密

作　　者　木村亮示（Ryoji KIMURA）、木山聰（Satoshi KIYAMA）
譯　　者　方瑜
編　　審　徐瑞廷
責任編輯　文及元
行銷企畫　劉順眾、顏宏紋、李君宜
總 編 輯　林博華
發 行 人　凃玉雲
出　　版　經濟新潮社
104台北市民生東路二段141號5樓
電話：(02)2500-7696　傳真：(02)2500-1955
經濟新潮社部落格：http://ecocite.pixnet.net
發　　行　英屬蓋曼群島商家庭傳媒股份有限公司城邦分公司
台北市中山區民生東路二段141號11樓
客服專線：02-25007718；25007719
24小時傳真專線：02-25001990；25001991
服務時間：週一至週五上午09:30-12:00；下午13:30-17:00
劃撥帳號：19863813　戶名：書虫股份有限公司
讀者服務信箱：service@readingclub.com.tw
城邦網址：http://www.cite.com.tw
香港發行所　城邦（香港）出版集團有限公司
香港灣仔駱克道193號東超商業中心1樓
電話：25086231　傳真：25789337
E-mail：hkcite@biznetvigator.com
新馬發行所　城邦（新、馬）出版集團 Cite（M）Sdn. Bhd.（458372U）
41, Jalan Radin Anum, Bandar Baru Sri Petaling,
57000 Kuala Lumpur, Malaysia.
電話：603-90578822　傳真：603-90576622
E-mail：cite@cite.com.my
印　　刷　漾格科技股份有限公司
一版一刷　2016年12月20日
一版二刷　2017年1月20日

城邦讀書花園
www.cite.com.tw

ISBN 978-986-6031-96-0

售價：NT$ 360
Printed in Taiwan

【導讀】

師徒制，是BCG培育頂尖人才的關鍵

文／徐瑞廷

管理顧問是個高強度的工作，通常客戶期待我們在短時間之內，解決困擾他們的棘手問題。可想而知，工作強度會比一般工作大很多。

事實上，管理顧問是許多求職者嚮往的行業。以我任職的波士頓顧問公司（BCG，Boston Consulting Group）為例，每年從全球各地收到上萬張的履歷，許多精英人才擠破頭，希望能夠進來工作。最主要的原因，是這裡能夠以好幾倍的速度，快速學習到經營者所需要的重要技能和思考方式。

除了針對每個職位所精心設計的區域和全球的定期培訓會議，以及線上學習系統之外，BCG顧問成長最大的祕訣，還是在於師徒制（Apprenticeship）。也就是在實戰環境裡，由合夥人、資深專家和專案經理組成的資深顧問管理團隊，帶著年輕的顧問，幾乎每天從早到晚花時間在一起討論。我們也把這種訓練，稱之為在職訓練（OJT，on job training）。

師徒制提供新進顧問們絕佳的機會，親眼觀察前輩專家們以什麼態度面對問題、如何抽絲剝繭找出問題核心、發揮創意找到洞察，又如何把複雜的問題整理成淺顯易懂的簡報。接下來，如何與經營者討論這些發現、如何應付處理複雜的會議，以及如何在培育人才與交付任務上取得平衡等。

相信在一般的公司裡面，要有這樣的學習機會並不容易，許多人可能一個星期還見不到幾次直屬的資深主管，更不用說和他一起去面對問題，並從旁去觀察這些資深主管是怎麼思考問題，以及採取什麼方式解決問題。

在坊間有很多顧問解決問題的書，多數著重在技能與實作方法的說明。我在這個行業的長期觀察告訴我，優秀的顧問和其他人最大差異，並非「知不知道」這些解決問題的技能或方法論，而是如何「活用」這些技能，還有以什麼「態度」來面對問題。

方法或技能是可以看書或上課學，但是怎麼用、心態該如何，在ＢＣＧ的做法是在實戰環境，跟著資深前輩一起學習理解。這種師徒制的學習方式，深植於ＢＣＧ內部，也是我們顧問成長的祕方。

本書作者目前是ＢＣＧ合夥人，也是我的日本好友，他們二位分別是會說法語的木村亮示，以及會說中文的木山聰，他們嘗試著把這些ＢＣＧ從未公開的祕方化為文字，希望能夠給各位讀者帶來一點啟發。

第一章和第二章談到頂尖人才的「成長方程式」，作者們分享成長主要的驅動因素，包括什麼是正確的心態、如何清楚認識自己，以及如何設定成長目標和活用技能。

第三章以人才（接受培育者，也就是師徒制裡的徒弟）的角度出發，分析同一個時期進入ＢＣＧ的顧問，能在同輩中脫穎而出、快速成長的頂尖人才，究竟有什麼地方與眾不同。

第四章則是談人才培育，這是從主管（培育人才者、教練，也就是師徒制裡的師父）要怎麼做，和你一起共事的人才（徒弟）方能發揮潛力、快速成長。

本書最大的特點，是將ＢＣＧ如何利用師徒制培育人才的實作方法整理成文字，而非從理論框架出發，相信有許多想法與建議很實用，也是讀者可以立即執行的。二位作者在升合夥人前，都是ＢＣＧ裡的頂尖人才（內部稱High Performer），他們自身的經歷與觀察，絕對值得各位參考。

二〇一六年十一月於台北

（本文作者為ＢＣＧ合夥人兼董事總經理、ＢＣＧ台北分公司負責人）

【推薦序】

一本書，寫出培育人才的雙重視角：

寫給帶人帶心的「師父」，也寫給謙虛受教的「徒弟」

文／楊千

孔子說：「唯上智與下愚不移」。原意是說，只有「上智」（聰明絕頂）和「下愚」（駑鈍至極）的人，是不容易改變的。這句話真正的意思是說，多數人都是能夠學習而且可以改變的。這句話也肯定了教育的功能和有用之處。

教育，就是協助他人學習；而培育人才就是改變他人的指導教育，也是培育者（師父）與接受培育者（徒弟）合作的行為。

現在，波士頓顧問公司（ＢＣＧ，Boston Consulting Group）二位合夥人兼董事總經理木村亮示和木山聰，透過相互的經驗分享論證歸納而成的育才共識，用主動積極的心態化為文字，寫下本書並且公諸於世，這是一件很有貢獻的事。ＢＣＧ建立培育頂尖人才的師徒制（Apprenticeship），讓培育後進的「師父」（資深主管）和接受栽培的「徒弟」（新進顧問）之間，透過「手把手」的實作，在第一線傳承經驗，而且帶人又帶心。

本書的結構清楚易懂，共分二大部分。第一部分的第一至三章，談的是頂尖人才的「成長方程式」，是這本書的中心思想；第二部分以一般人最熟悉也最傳統的ＰＤＣＡ循環，說明培育人才的實作，如何成為稱職的師徒。其中，第三章是寫給接受培育的

「徒弟」，第四章則是寫給培育人才的「師父」。

事實上，組織裡的人力資源管理，主要的工作就是選才、育才、用才、留才這四件事情。其中，最重要的當然是選才和育才。既然如此，照理來說一個組織裡應該不會有冗員才對。我常問學生：「冗員是從哪裡來的？」其實，冗員都是徵才時面談來的。當初認為合格的面試者，為什麼到了組織裡一陣子之後會變成冗員呢？事實上，冗員並不是一天造成的。

我也告訴學生們，如果一旦成為冗員，絕大部分的責任是在自己，絕對不是公司的責任。從另一個角度來說，一個組織如果沒有善加栽培，透過面試進來的員工也很有可能成為冗員，因此更顯得培育人才的重要程度。

稱職的師父：引導徒弟激發潛力、主動成長的心靈教練

本書第四章則是站在培育人才者的立場，探討如何讓自己成為一位稱職的「師父」。這一章提到許多如何讓「徒弟」發揮潛力又能持續成長實作方式，負責培育人才

的讀者絕對不能錯過。

舉例來說，當一個人在年紀還小，記憶力不錯但是理解力尚未成熟時，大人們傾向於直接告訴他事情應該如何處理的答案。像是該如何解一則數學題目，我們習慣於直接告訴他解題過程，但不會仔細聽他描述思考過程。如此一來，他學到的通常只是技術層面的解題技巧，卻無法深入了解背後原因和思考脈絡，很容易「知其然而不知其所以然」。導致解題時只會寫看過的題目，沒有看過的就不會解題。

不過，隨著年紀漸長，當他的理解力慢慢成熟之後，有機會把自己的思考過程向師長請益，師長會提點他們「這裡可以這樣思考，有助於推導可以解決問題的答案」，並且進一步將所學所想融會貫通。

企業或組織培育人才也是類似的情形，會受到主管青睞成為接受培育的未來人才，通常是因為他們用不錯的專業技術把事情做好（解題能力夠好），因此得到栽培的機會。不過，身為師父（培育人才者），必須為徒弟（接受培育者）的長遠發展著想，引導他們發揮潛力並且持續成長。像是提醒他們隨著工作年資逐漸累積，不能只停留在技術層面的貢獻，而是要具備正確的心態，建立解決問題的整合能力，才有機會更上一層樓。

書中也提到一個很重要的實作叫做「徹底提問」，師父應該要清楚地告訴徒弟「這件事情為什麼要這樣做」，要解釋其中的道理。同樣地，徒弟也要向師父主動積極詢問或表達「為什麼要這樣做」的原因。

因此，我們在研究所裡都會讓研究生來做簡報，說明他對研究問題的看法，這樣我們才知道他的思路在哪裡是正確的，哪裡有瑕疵可以改進。我們發現，愈聰明或是學得愈徹底的學生，愈能夠講出個道理來，即使題目有些變化，也能觸類旁通提出見解。

受教的徒弟：建立正確的心態，為自己負責

這本書有趣的地方，在於不僅站在負責培育人才的主管（師父、教練）立場，二位作者也站在曾是徒弟的立場，分享他們過去曾經接受培育的往事。像是第三章是從接受栽培者的角度，思考如何建立正確的心態，才能出人頭地？又該如何成為成長快速又到位的學習者？

正確的心態其實就是為自己做好心理建設，國父孫中山先生非常重視心理建設，他曾說：「國者，人之積；人者，心之器」。一個國家或一個組織是由一群人聚集在一起

的；組織裡每一位成員的行為，其實是反映出他個人內心的價值觀與信念，因為，人受到自己的心態和思想所支配。

一個人具有願意學習成長的心態，才會有學習成長的行為。更完整地說，學習要能成功，絕對不是單方面的，它是教導者（師父）與受教者（徒弟）雙方都要有抱持「原因自我論」的想法。也就是說，雙方都有「不把失敗歸咎他人」的心態，堅持「我，就是自己命運的主人」。

本書給我們帶來的好消息是，正確的心態，是一個人成長的基礎，否則一個人想要發揮潛力並且持續成長，是一件非常困難的事情。因此，不妨給自己做好心理建設，那就是「心態是可以改變的」。我常說：「你是誰不重要；常跟誰在一起很重要」；我們經常和聰明人在一起，不用讀很多書，吸收聰明人所說的話，自己也會變得很聰明。同樣的道理，我們應該常跟心態積極向上的人在一起，許多概念都是一念之間；「一盞燈可以除千年暗」，就是這個道理。

所謂正確的心態，是指凡事積極向上，這樣的人通常採取「原因自我論」，而不是

「原因他人論」。採取「原因自我論」的人，懂得自我檢討，把一件事情的失敗攬在自己身上，而不是怪罪他人。

「成功的人找方法，失敗的人找藉口」，長期以來，我觀察許多成功的人，也都是「原因自我論」的人，這種人比較能夠主導自己的命運。「原因他人論」則完全相反，這種人一天到晚抱怨，通常不會成功。

師徒相處的訣竅：易地而處、建立共識、培養信任

作者藉由本書告訴我們，無論身為「師父」還是「徒弟」，最好能夠學會站在對方的立場看事情。如果是接受栽培的徒弟，就要設身處地了解師父的想法，如此一來，比較可以虛心接受指導，了解師父對自己如此嚴苛，其實是「恨鐵不成鋼」，而不是蓄意刁難。相反地，身為培育人才的師父，最好能夠深入觀察徒弟接受指導之後，言行舉止的變化，藉此調整指導的方式和節奏，以免一廂情願傾囊相授，結果卻事倍功半。

有了這種易地而處的同理心，徒弟就會加強學習能力、提高注意力，觀察力也會更為深入細微。身為徒弟，一旦張開「接收資訊的天線」、打開「學習的開關」，隨時隨

地都能接收並且掌握任何學習的訊息和機會，自然而然具備主動積極的態度；這樣一來，至少不會在許多組織或公司內部的各種活動或課程空手而歸。加上能夠親自實踐「讓改變發生」，讓自己處在「有改變就有成長」的PDCA快速循環中，這就是所謂的「用即了了分明，應用便知一切」。

寫到這裡，不曉得大家有沒有發現，BCG之所以成為世界頂尖的管理顧問公司，就是因為成功的人才培育者（師父），必須努力確認自己和接受栽培者（徒弟），雙方都是「原因自我論」的擁護者才行；師徒雙方都要相信「明天要比今天更好」才會成事。在BCG，盼望員工的成長能夠快速又到位、長期又主動的人才培育文化，如何透過簡單又踏實的PDCA循環做到？在這本書裡有許多實際的案例，值得我們參考。

（本文作者為交通大學EMBA榮譽執行長，曾借調至鴻海科技集團擔任董事長室永營專案顧問）

目錄

第二章 該如何突破「僵局瓶頸」

成長方程式②：正確目標設定加上正確自我認知

前言

波士頓顧問公司成長的獨門祕方

「人才」的煩惱：為何人才素質和數量難以成長？

在與多位經營者討論的過程中，數不清有多少次聽過這句話，然而，實情並非如此。

「沒有優秀人才。」

不論是哪一家公司，都有能力與品行兼備的優秀領導者，在所屬的組織裡重振事業、開發新事業、建立事業夥伴、穩健經營管理，這些人都是拿出亮眼成績的頂尖人才。

但是，套句經營者的話來說，總是面臨人才「數量不足」的問題。主要是因為總體環境日益嚴峻，經營管理的複雜度也逐漸提高，不難想見，企業和組織更需要素質好且大量的人才。

接下來經常聽到的，是「沒有培育下個世代以及下下個世代的人才」的煩惱。大多的日本企業，擁有為數眾多、經驗豐富且優秀的中堅人才，這些人的年齡介於四十六至五十幾歲之間，多數人從年輕的時候就受人重用，又或是隨著公司的成長自然而然累積各種的經驗，因而能夠勝任跨領域的工作內容。

另一方面，在日本泡沫經濟（一九八〇年代後半至一九九一年代初期，精確的時間是一九八六年十二月～一九九一年二月）瓦解之後，有很多公司縮減應屆畢業生的雇用人數，也有許多年輕人創業去了，因此當時進入大企業職場的工作者（目前年齡約在四、五十歲左右），在同一個職場和其它年齡層相較之下顯得人數單薄。一般而言，若是人才集中在上一個世代，很容易發生組織中無法累積和傳承管理經驗的情形。

此外，電子郵件（E-mail）成為商業溝通的主要方式，導致組織內部的資訊流產生變化。

包含郵件副本（CC）在內，許多溝通方式讓所有的資訊與狀況，即時（real-time）直達天聽，傳送到高階主管的眼前。這種模式乍看之下具有組織內部資訊管道暢通、決策速度加快的優點。但是，對於部屬的處理資訊的能力和判斷力無法受到充分磨練，這個問題長期以來卻遭人忽略。

此外，近來總體經營環境的嚴峻程度，更加突顯企業或組織「沒有培育人才」的問題。隨著長期維持成長曲線的時代結束，相較之下，像以往那樣能夠在短期內交出成果的難度提高了。多數的主管所面臨的狀況是，與其將時間花在培育部屬，不如自己親力親為完成工作比較快，或是更能達成目標。最後演變成主管沒有時間和心力培育部屬，而自己的工作負擔也愈來愈沉重。「在績效和人才培育之間該如何取捨」的煩惱纏繞心頭，最後，培育人才就成為犧牲品。

在這種總體環境的趨勢中，我們也聽到了客戶有以下評論與回饋：「和波士頓顧問公司（BCG）合作的最大優點，就是我們公司員工在和BCG一起工作過程中有所成長。」

「藉由專案形式的工作，每一位BCG顧問會有五位資歷較淺的自家公司員工跟著學習，希望好好地給他們刺激磨練。」

「我們有現成的策略架構，希望再濃縮策略的配套措施，打造出能夠執行這些策略的組織。」

上述不論何者都是最近由我們的客戶所提出的需求。而在最後經常聽到的，是這個問題。

「BCG究竟如何培育人才？」

ＢＣＧ培育頂尖人才的獨門祕方

ＢＣＧ每年都會有許多的新夥伴加入。研究所或大學畢業後直接進入ＢＣＧ任職，也就是所謂的應屆畢業雇用（日文漢字寫為「新卒採用」），以及錄取日本和國外的ＭＢＡ。此外，也有許多員工屬於非應屆畢業（日文漢字寫為「中途採用」）轉職進入ＢＣＧ工作。

這些員工之中，有人是從銀行、貿易公司（商社）或製造商等企業轉職而來，近年來，具有醫師、律師與會計師等專業背景的轉職者人數也逐年增加。雖說也有人在履歷表列著前一份工作的優異表現，不過，這些人多半屬於年輕世代（或中堅世代）為主。理所當然地，在他們轉職進入ＢＣＧ的第一天，距離「一流顧問」還有一段路要走。

儘管如此，ＢＣＧ則期待他們加快成長速度，早日成為獨當一面的顧問（而且，多數的顧問們都能夠回應此種期待）。進入公司一年後成為中堅、兩年後可稱為資深。經過三年左右則會要求他們挑戰更上一層樓職務的工作。

另一方面，對於身為客戶的企業而言，正因為是重要的專案，經常可以見到企業客戶派出「萬中選一的精銳部隊」或「身經百戰的沙場老將」參與專案。BCG團隊與客戶團隊的平均年齡差異在十到十五歲之間是常見的事情。因此，顧問公司團隊的這一方，若不是每個成員都拿出恰如其分的表現來，便會受到嚴厲的斥責。

此外，由於很多客戶和顧問公司都有長期往來的合作關係，新成員也必須克服經常讓人拿來和過去專案成員比較的心理障礙。

因此，BCG在思考培育人才時，面臨三大障礙包括：

①管理顧問原本就是高難度的工作；

②人才的背景極為多樣化；

③培育人才和成長速度必須極為快速。

如果無法突破三大障礙，身為全球頂尖管理顧問公司的存在意義就會遭到質疑。解方就是找到人才培育的實作訣竅（know-how），也就是「超快速培養多樣人才戰力的技術」。

那麼，何謂「超快速培養多樣人才戰力的技術」？這正是BCG的「獨門祕方」。常見的誤解是，將成為顧問的戰力，與學習所謂「如何做（how to）」的硬技能（hard skills）混為一談。

一般人對於管理顧問「實作訣竅（know-how）等於技能（skill）」的誤解

使用Excel、Access軟體進行資料分析、邏輯思考（logical thinking）、簡潔的資料彙整方法、簡報技巧、令人印象深刻的自我表現方法等，這些都是許多工作者追求的技能或工作術。

書店裡商業書籍區的一角，充斥著由現任或曾任顧問的作者以「如何做（how to）」為主題所寫的書籍。其中多數是MBA課程中，也有開課的眾多實作訣竅的實戰案例與實踐方法，這些內容也被高度期待為能夠提升業績的「特效藥」。

因顧問公司不同，程度會有所差異，但顧問公司提供這些實作訣竅的訓練十分扎實這一點是事實。當成商業的「基本功」，在職涯初期就會徹底且嚴格地灌輸基礎技能教育。

但是，這些技能只是必要條件。（「必要條件」與下頁「充分條件」皆為邏輯學名詞。以邏輯式「若A則B」說明，若A成立則B必然成立，則A為B之充分條件，若A成立但B不因此必然成立，則A為B之必要條件）。

為了提升工作績效，除了這些技能之外，存在著BCG所重視、可稱之為「充分條件」的能力。像是「正確設定與提出必要的問題（問對問題），以及找出上述問題答案的能力」「根據結論讓周圍的人採取行動的能力」等。關於這些能力，至今為止極少對外公開說明討論。因此，企圖將如何才能夠培養出這些「充分條件」的能力，也就是試著把人才成長的「獨門祕方」化為文字說明，本書可說是創舉。

此次承蒙日本經濟新聞出版社的野澤靖宏先生、赤木裕介先生提案，建議將上述經驗和資訊化為文字並且彙整成書，希望能夠成為許多的職場工作者、企業、組織的參考，因此我們就接受這項挑戰。

關於本書

如下所示，本書由四個章節所組成。第一章與第二章，將介紹ＢＣＧ培訓人才的兩個基本思考邏輯。我們認為應該可將此一基礎視為培養前述「充分條件」的地基。

在此基礎之上，由需要成長的組織成員觀點而言，能夠採取哪些行動（第三章）與由負責培育人才的主管以及組織的觀點而言，能夠採取哪些措施（第四章）分章詳述。

第一章：成長的方程式①：心態（mindset）加上技能（skill）

第二章：成長的方程式②：正確的目標設定與正確的自我認知

第三章：加速成長的鐵則

第四章：藉由ＰＤＣＡ循環（Plan-Do-Check-Action的簡稱，意指規畫、執行、查核、行動的循環。）讓接受培育者（徒弟）主動成長除此之外，在〈結語〉中，內容談到企業顧客組織「現況」的變化、BCG所觀察到顧問諮詢業務的變化，同時希望傳達的訊息是，適用於顧問業界的人才培育術，也能夠活用在一般企業的經營管理上。

本書由木村亮示與木山聰合著，二人都是在二〇〇〇年代初期，經由中途任用而進入BCG（前文提到中途任用來自其它公司的轉職者，也就是接受非應屆畢業生應徵職位，主要是日本就業市場以應屆畢業生統一聘雇制度〔日文漢字寫為「新卒一括採用」〕，企業每一年度於固定期間招募隔年畢業的大學應屆畢業生〔新卒者〕，是日本獨特的徵才制度。）。其後在顧問的職務上經常「碰壁」，當時也是受到客戶與主管的「栽培」，因而得以逐步成長（現在仍在成長發展的動態過程中，每天碰壁遭遇各種困難）。

最近數年，則以BCG人才培育專案負責人的身分，在「培育」年輕人的角色上每天重複著試錯的過程。

我們兩個人共通的價值觀，便是「人真的具有無限的潛力與多樣的可能」。在BCG的工作經歷中，親眼目睹許多企業客戶中孕育培養出領導人才、看到BCG組織內部，也有許多年輕成員脫胎換骨似地活躍於職場，這種想法逐漸轉變為堅定的信念。

此外，也實際體驗到ＢＣＧ厚植深耕、具體落實「師徒制」（Apprenticeship）人才培育系統，確實有效。

本書是以二位合著者曾經身為「接受培育者」（徒弟）與「培育人才者」（師父）的雙重經驗為基礎，所彙整而成的ＢＣＧ育才思考邏輯和實作方法。不過，先要向大家「潑冷水」，本書的內容不是讓人學會「特定能力」的特效藥。書中所記錄的是如何建立激發每個人潛力的心態，以及需要在日常工作中累積的方法論。

雖然為了易於讀者理解，書中內容因而略為簡化事例和脈絡，希望各位能夠展讀至最後一頁，並且活用在日常工作之中。

無論是協助讀者成為「善於接受栽培」的徒弟或「善於培育人才」的師父，進而提升所屬組織的績效，或讓身為職場工作者的讀者擁有更加充實的人生，若能藉由本書略盡棉薄之力，我們內心充滿喜悅也深感榮幸。

波士頓顧問公司（ＢＣＧ）
合夥人兼董事總經理　木村亮示
木山聰

第一部分

頂尖人才的成長方程式

第一章

只靠蒐集技能，其實無法讓人成長

成長方程式①：心態（mindset）加上技能（skill）

除了每個人各自不同的個性以外，不論是應屆畢業或轉職進來的同事，許多職場也像ＢＣＧ一般，每一位同事各自擁有豐富多元的背景。進入公司後，所參與專案的內容、性質、顧客企業的狀況與組織文化，一起工作的主管與同事，所經歷的工作環境也不盡相同。因此，在組織內成長的過程，也是因人而異。

但是，和許多同事深入談話的過程中，我們了解到一件事。

那就是同事雖然背景和環境各有不同，但如果遇到成長瓶頸，通常可以歸納為共通的因素。如果提醒當事人能夠察覺並且獲得對方認同，多數的情況之下都能「脫胎換骨」，之後在職涯上有著突飛猛進的發展。

從育才者的觀點來看，若能成為引導同事察覺到自身盲點的推手，對方就能有所突破，開拓出一條成長的道路。接下來介紹ＢＣＧ培育人才的成長方程式，便是藉由這樣的經驗累積而成的人才培育概念。

第一章說明第一個成長方程式**「心態」加上「技能」**。首先，針對在這個方程式背後常見的瓶頸，分享我們的觀察和分析。

這些觀察與分析說明技能的「運用方式」，以及具備正確心態的重要（事實上，心態比技能更具影響力）。第一章後半談的是如何從「追隨者」（follower，本書指的是以「他人的答案」工作的人）蛻變為「領導者」（leader，本書指的是以「自己的答案」工作的人）必須具備的心態，又該如何轉換心態等問題。

接下來列舉的現象，相信不僅限於顧問業，而是在許多業界和組織裡，對於接受培育者（徒弟）和育才者（師父）雙方而言，都會心有戚戚焉吧。

近在眼前的技能狂（skill mania）

蒐集型技能狂和鑽研型技能狂

想想看，身邊有沒有這種人？這些人總是閱讀大量書籍、下班後或周休假日則參加課程或講座勤加進修，非常熱衷於學習與吸收新知。看起來總是很忙，也經常加班。

乍見之下，似乎工作能力很強，但姑且不論工作量，實際上一起工作，就會發現這種人對於成果的產出（output）貢獻度很低。可以說，這種人很有可能是「技能狂」（skill mania）。

常見的技能狂有二種（**圖1-1**）。

第一種是廣泛蒐集所有能夠以閱讀、參加講座等方式，學到的實作訣竅（know-how）。

第二種則是針對自己有興趣的特定領域徹底鑽研的技能狂。像是深入研究資料庫軟體，熟悉到能夠製作出複雜資料庫的人。

將第一種稱為**蒐集型技能狂**也頗為恰當吧。這種人會把Excel或Power Point、Access等基本商業軟體的使用方式，或是統計、財務、程式設計和簡報等具體的技能，再加上簿記、財務規畫師（financial planner）等證照，行銷分析手法或速讀法等也陸續加入學習項目清單。因為能夠將自身所習得的技能列為清單，對蒐集型技能狂而言極有成就感，也能夠得到自我滿足。因應需求，還可以將所有技能詳細地列入履歷表。

但是，若要計較這些技能是否有效地活用

圖1-1　蒐集型技能狂和鑽研型技能狂

在工作上，則不盡然，多數都是停留在光擁有一張技能清單的狀況。

第二種可以稱為**徹底鑽研型技能狂**，這種人針對某項特定技能，而且具有無人能夠取代的獨特存在，周遭的人們將他視為珍寶，也能對人有所幫助，因此，也會有某種自我滿足吧。

但是，「何時」「何處」和「什麼是必要的」並非由自己判斷，每次都是接受他人的委託而展開作業；換句話說，也有很多狀況是遭人當成「不眠不休的跑腿雜工」一般使喚。

除此之外，如果從「對成果的貢獻度」約莫等於「真正的自我成長」的觀點來看，不論是廣泛蒐集型或是徹底鑽研型技能狂，他們是否真的有所貢獻或成長，其實都要受到質疑。

檢核表心態（check box mentality）的迷思：學習新技能是否等於個人成長？

工作經驗愈少的人愈依賴技能，年輕人一般都有這種現象。因此，很多人以為在履歷表條列出的技能愈多，就等於具有愈好的自我成長。

如此一來，導致一般人誤認「習得技能」等於「個人成長」，把兩者畫上等號。

若是工作進展不順利時，將原因歸咎於「簡報的技能不足」「缺乏邏輯思考能力」「財務分析能力薄弱」等，把問題簡化為缺乏為「某種」技能。「因為缺乏某種技能，所以工作進展不順利」，以線性（直線）關係來思考，連結事物之間因果關係。

而且，為了避免下一次的失敗，這種人會閱讀簡報技巧、邏輯思考或財務分析等相關書籍、或參加課程講座，企圖強化自認不足的各項技能。

像這樣如同在檢核表空格中（check box）打滿勾勾一樣，將不足（或自認不足）的技能廣泛蒐集或徹底鑽研的人，正是技能狂。

雖說有必要分析工作進展不順利的原因，而特定項目的技能不足，也許是失敗因素的其中之一。然而，根據作者自身的經驗，幾乎沒有遇過「單是因為某項特定的技能不足，而成為導致工作進展不順利」的狀況。

相反地，即便具備某項特定的技能，光憑這樣就能夠成功和成長，所謂的職場可不是這麼簡單的事情。歸根究柢，重複各種試錯過程，以結果論判斷什麼是正確答案，經由這樣的過程達到績效、交出成果，才能成為日後可以活用的重要學習。

換言之，在職場中，事物的因果關係極為複雜，無法以「因為A所以B」「因為沒有C所以無法D」這類的等式將事物單純化。所謂職場，是一個在許多因素的交互影響下而產生某種結果的場域。

一旦認知若有偏差，將為成為妨害成長的障礙。

曾是好學生的工作者，其實很容易掉入技能狂陷阱

事實上，學生時代曾經是「好學生」的職場工作者，其實很容易掉入「技能狂」的陷阱。

像是入學考試之所以「落榜」，就是分數沒有達標，再仔細分析，是因為「英文聽力太差」「物理分數過低」等，原因非常明確。

按照「分數低」（結果）→「特別是國文的長篇閱讀未達平均分數」（原因）→「強化國文的長篇文章閱讀能力」（改善方法）的模式，如果能夠補強有所欠缺的部分，便可以提升成績。

如果這種為了準備考試而的讀書思考邏輯，也能用在工作上，就會令人產生「如果一張畫作能在空白的地方塗滿顏料，最後就能完成畫作。也就是說，彌補自己不足的技能，就能提升工作能力。」如此一來，很容易把工作不順利、工作表現沒有獲得肯定的原因，歸咎於「缺乏技能」，然後，一步步走到成為技能狂的路上，最終變成廣泛蒐集型技能狂或徹底鑽研型技能狂。

技能狂一心想的是努力「補足」自己「不足或欠缺」的部分。但是，這種想法造成如同毫無計畫持續增建的違章建築，有些空間閒置無用，有些則因結構造過於複雜而讓人迷路，無法成為簡單易用的建築。

增加技能數量或徹底鑽研某個特定的技能，並不等於追求「自我成長」。說穿了，技能狂學到的只是表面上的「型」（範本、模版）或「術」（技巧）。

如果是缺乏工作經驗的新進員工或一個人年輕時，藉由學習技能對於團隊或公司有所貢獻，這種情況可以把學會新技能視為自我成長。不過，這個原則只能適用於一個人進入職場的短短幾年之內。

請容我們把這件事情說得嚴重一點，倘若一個人進入職場數年之後，依然著眼於蒐集和習得技能的數量，無法擺脫技能狂的症狀，站在追求自我成長的立場來看，這種人即使會再多技能，也無法對於提升績效、交出成果有所貢獻。

無法脫離「守」的人

為了避免各位讀者誤解，我們要事先言明，學習「型」（範本、模版）或「術」（技巧），絕對不是壞事，甚至是有必要的。

像是學習日本傳統的武道或藝道，具有「道」的進程階段的用語，那就是「守、破、離」。

第一步是「守」。這代表尊重基本原則，並將教科書視為範本的學習階段。也就是在最初的階段，學習「範本、模版」是非常重要且毫無疑問的事情。就像一個人剛進職場的最初幾年，勤加學習各種技能是有意義的。

經過「守」的階段之後，接下來，必須更上一層樓，進入「破」「離」的階段。「破」，是以所學到的範本、模版為基礎，加入自己所思所得的「好知識、好經驗、好點子」，進一步擴展基礎。「離」，代表的是開創出屬於自己的範本、模版。

但是，受限於檢核表心態的技能狂，只能夠停留在最初的「守」。即使增加再多技能的數量，仍然無法突破「守」的領域。

加速成長的二大重點

比起「蒐集技能」，更重要的是「運用技能的方式」

雖然重複提及，但不希望各位讀者誤解的是，我們絕對不是說「技能完全派不上用場而且毫無助益」。技能雖然必要，但是，如果一個人在職場上「只」追求技能，不論是廣泛蒐集或徹底鑽研，也無法轉變為持續成長的人才，希望各位讀者能夠認清這個事實。

那麼，要擺脫技能狂的毛病、轉變為持續成長的人才，究竟什麼才是必要的呢？為了實現持續成長，超越學習個別技能，需要具備二大條件。

條件一，掌握運用技能的方式。

職場上最為重要的是，能夠持續迅速面對處理接連發生的各種狀況與問題。強化鍛鍊每個單項技能固然重要，很遺憾的是，能夠以特定單一技能處理應對的課題其實少之又少。此外，依據狀況而異，如果過度堅持運用自身技能來解決問題，甚至可能會成為實務上的障礙。

像是從其它工作轉職進入ＢＣＧ的顧問，進來約半年後，一般來說分析或製作簡報投影片的技能都會達到一定的水準。

一旦能夠做到過去無法做到的事情，便會想要設法利用自己新學到的技能，這是人之常情。但無法保證一定是成功案例（success story）。

「打算用非常細微縝密的分析方法來處理，但犧牲決策的速度」「應該用誠意和熱情打動對方取得認同，卻用理論說明的方式而遭遇失敗」等，像是玩笑一般的狀況，卻發生在現實之中。

如果沒有判斷力，決定應該「何時、如何運用這些技能的場合或時機」，就算具備再多、再完備的技能，也無法反映在交出成果和績效上。

光靠增加球路、追求球速無法取勝

學習個別特定的技能雖然重要，但若不知道「運用技巧的方式」，最後則無法交出任何成果。這在日常生活中是理所當然的事，但令人出乎意料的是，場景一旦換成職場，卻有許多人沒有意識到這一點。

以運動來聯想便很易於理解，我們試著以棒球投手為例說明。

先前所介紹的「廣泛蒐集型技能狂」，就是熱衷於增加球路的投手。另一方面，「徹底鑽研型技能狂」，指的是只持續練習以加快直球球速的投手。這樣的比方應該就很容易理解吧。

此外，「學習如何運用技能的方法」等於「學習取得出局人數的投球術」。當然，為了要提升投手的勝率，沒有比「球路多、直球球速快」更好的方法。但是，不論球路再多、球速再快，如果沒有確實磨練判斷力，決定出球的時機，應該也無法取得勝利吧。

前一次對戰時的配球內容、對手打者的打擊成績和身體狀況（像是有無受傷）、擅長或不擅長的球路、壘上有無跑者、守備陣容的實力與狀況、打者或壘上跑者的腳程、面對打者的好壞球數。

對於棒球，我們並不是非常熟悉，即使如此，優秀的投手必須考慮眾多資訊才能夠決定投球內容，是非常容易想像得到的。

即使具備多種球路，但堅持在一場比賽中投遍所有球路也不見得能夠獲勝；不論任何狀況，只靠直球一決勝負，應該也無法期待這樣的投手有太高的勝率吧。

棒球雖是依靠捕手的暗號來決定配球內容，但若是一流的投手，即便是同樣的球路也會有微妙的差異、球速控制等，因應對戰選手或現場狀況，由投手決定投球方式的情形才是。

「不使用」手中所掌握的技能，也是一個選項

在職場上，也有類似前述投手決定投球內容的工作情境。

無論簡報技巧如何精彩，也會碰上必須仔細傾聽對方陳述非常重要的場合；英語再怎麼好，也可能碰上透過口譯比較好的情況。無論如何熟知3C（顧客〔customer〕、公司〔company〕、競爭〔competition〕）或4P（產品〔product〕、價格〔price〕、通路〔place〕、促銷〔promotion〕）等所謂分析架構，也可能有些場合最好不要拿出來。

若是僅專注於學習技能，極可能淪為沒有思考TPO（時間〔time〕、地點〔place〕、場合〔occasion〕），只想利用已習得技能的狀況。

所謂學習如何「運用」技能，首先便是要確實地判斷認清TPO，考量採取如何的方法手段才是最有效的。如此一來，若是技能可以解決問題，拿出來活用也很好；若是看起來技能派不上用場，就要壓抑炫耀的衝動。

相較之下，學習技能本身反而簡單。但是，要磨練技能的「運用方式」，可就沒有那麼容易了。主要是因為該將何種技能、在何種場合如何運用，是一種無法向他人學習的能力，只能靠著自己在現場累積實際經驗，才能夠得到磨練。

條件二，建立心態（mindset）。這個條件很重要。

若是無法建立起正確的心態，即使鍛鍊強化的個別的特定技能，也無法磨練出該項技能的運用方式，當然也無法連結到績效表現與個人成長。為了持續加速成長的三大必要條件包括：

①具備正確的心態，做為扎實的發展基礎；

②學習個別特定的技能；

③磨練運用技能的方式。

三者以配套方式強化，對於持續成長的人而言，是非常重要的（圖1-2）。

圖1-2　績效的必要因素

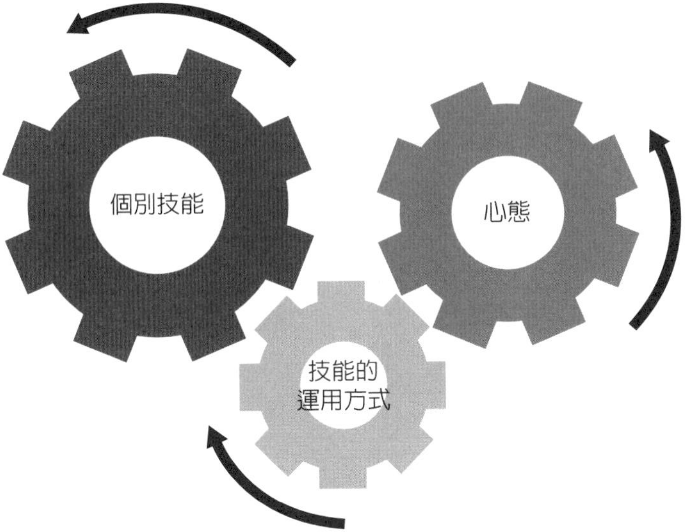

三種心態（mindset）

為什麼心態很重要

先前提到，學生時代的「好學生」一旦進入職場工作之後，愈容易陷入「檢核表心態」（補強不足的技能或學習原本不會的技能，就像在檢核表的所有空格內打滿勾勾一樣），無意之間，就會朝向廣泛蒐集型技能狂的方向發展。原因之一，是受到學生時代準備考試的心態影響，另一個原因，則是專注在學習技能這件事情上，看起來會比別人聰明吧。

前面曾提到，為了持續加速成長的三大必要條件：

①具備正確的心態，做為扎實的發展基礎；

②學習個別特定的技能；

③磨練運用技能的方式。

其中，「③磨練運用技能的方式」的過程步驟，相較於「②學習個別特定技能」顯得非常枯燥無趣，也很難理解要多麼努力才會看到成果。

而且，即使聽到「心態」這個字眼，由於意義既不明確，而且也很難將親眼所見的成果或是績效聯想在一起。

但是，正因如此，才顯得心態的重要。

身為職場工作者（business person），不論在各行各業，隨著每個人工作內容不同，所擔負的角色任務會有所變化，不同的職位所追求的績效，也會產生質變。

像是新進員工（特別是在日本企業）必須達到的績效，大多是以身為工作執行者的表現為主，這個階段的身分，是跟從領導者的「追隨者」。在漫長的職涯中，靠著技能而有所貢獻的應該只有這個階段，因為主要是依據領導者的指示執行工作，也可以說，這個階段藉由學習技能提升工作效率是一種自我成長。

不過，技能狂們難道終其一生，只想持續擔任「工作執行者」（也就是追隨者）的角色嗎？

若想從以他人的解答為依歸執行工作的跟隨者，轉變為以自己的解答為準則的領導者，有一個一定要跨越的障礙。

而跨越這個障礙所必須的是三種心態。接下來就為各位讀者分別詳加說明（圖1-3）。

心態①：期待對他人有所貢獻的強烈企圖心

那些口口聲聲說要「希望自我成長」的工作者，反而難以看出有所成長。這個觀察看起來很矛盾，卻是事實。

這些人之所以會「希望自我成長」，是希望受人稱讚、得到加薪或晉升的機會，或是希望藉由體驗自我成長而得到自我滿足等理由，總之，所考慮的主體都是「自己」。

圖1-3　追求自我成長的必備心態：企圖心、意志力和誠實

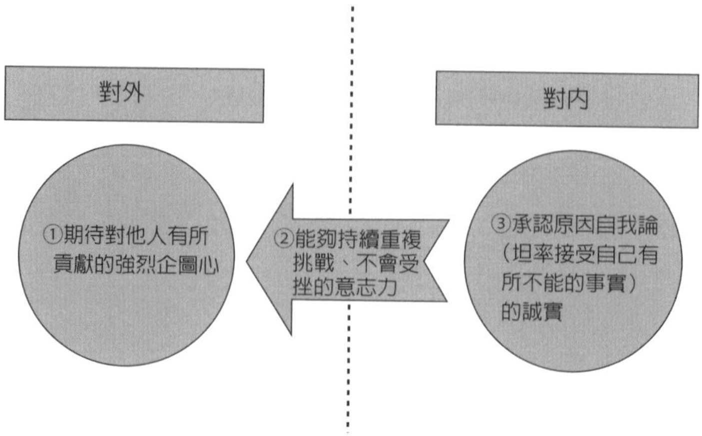

對外
對內
①期待對他人有所貢獻的強烈企圖心
②能夠持續重複挑戰、不會受挫的意志力
③承認原因自我論（坦率接受自己有所不能的事實）的誠實

但是，**成長不過只是一種「手段」**。若是以成長為目的，那麼在碰壁的時候，就使不上力來克服困難。由於自我成長只屬於自己，因此一旦自己放棄了，所有的努力便無以為繼。

熱衷於自我成長的人，通常自尊心也很強，容易逃避「麻煩又枯燥」的事情，像是即使連續失敗仍然屢敗屢戰。明明再稍微努力一下就能柳暗花明突破現狀，但通常都會在這個關鍵時刻輕言放棄。

相反地，在無法順利對顧客有所助益或充分貢獻之際，「希望對顧客有所助益」「希望拿出成果」「希望有所貢獻」等想法愈強烈的人，對自身能力不足愈感到焦躁不安，從中產生希望自我成長的想法。這種**「希望自己成長是為了能夠對顧客有所助益」的心態與想法，對於自我成長來說，才是最強的原動力**。

會找上BCG顧問的諮詢業務，基本上全都是困難的問題。正因為顧客獨自解決問題的過程中遇到困難，所以客戶才會找我們諮詢並且委託我們協助解決問題。儘管如此，若在和顧客站同一陣線之後，自己卻放棄，就顯得毫無意義。

在無法找到正確答案的過程中，反覆挑戰是非常辛苦的。而在這種困苦的狀況下，是要裹足不前？還是繼續努力？差別就在於「希望有所貢獻」「希望拿出成果」此種決心有多麼強烈，而能堅持到最後。

心態②：能夠持續重複挑戰、不會受挫的意志力

若是學校的課業或資格考試，只要將過去考古題練習解題到某個程度，便能理解出題的模式，也能找出成功（及格或錄取）的捷徑。但是，在職場上不能如法炮製；主要是因為無法像是考古題那般，一網打盡現有的商業運作模式。

不僅前提條件會逐漸產生變化，甚至有時許多情形，是根本不知道存在著何種前提條件，懷抱著不安但仍然必須採取行動。

由於只能藉由現場實地經驗的累積來學習，因此不存在任何捷徑。認知到「捷徑不存在」這一點，可說是真正的開端與起跑點。

「走這條路比較近」，若總是這樣只選擇自己已知的路徑，「若是我的話辦得到」，只做自己知道能力所及之事，不僅無法拿出成果，自己也無法成長。

即便碰到不確定能否做到的不明狀況，若是裹足不前或舉白旗放棄而不嘗試，就無法有所成長。

會感到「不安」，是因為覺得如果是現在的自己也許做不到。但即使可能做不到，也不向這種不安的感受低頭而努力嘗試，藉此就能有所學習。在懷抱不安的心情之中，蘊藏著成長的幼苗。

若當此之際裹足不前，等同眼看著成長的幼苗枯萎。如果將自己放在舒適圈內，也無法加速成長。

「最近狀況不錯，一切應該都能順利進行吧？」一旦這麼想，反而需要注意。

這是和某位經營者討論問題之際所發生的事情。針對我們的提問：「最近可說是經營者的受苦受難時代啊」，對方回答：「安定的環境就無法產生變化吧。如果要挑戰新事物，我認為現在正是最佳環境喔。」

這位經營者，言談之間提到「過去因為公司內部抵抗勢力而無法推動的事，現在可以著手進行」等正面積極的作風，令人留下深刻的印象。

說到底，存在於主觀情緒之中的「慣性法則」該如何管理？**畢竟「抵抗勢力」也存在於我們每一個人的主觀裡。**

如同這般對抗克服自己內心的「抵抗勢力」，進而放手挑戰，即使總有一天會遭遇失敗。

此時重要的是，不要認為「果然還是放棄比較好」。

世上有許多不試著動手做，就不知道結果的事情。

已從BCG退休的某位前合夥人曾經這麼說過：

「失敗，要趁年輕時；一個人盡量在年輕時經歷愈多失敗愈好。到了職位愈高、責任愈重時才遭逢失敗，會造成別人的困擾。親身體驗許多失敗，是只有在年輕時能夠獲得的經驗之一。」

心態③：坦然接受自己有所不能的誠實

不論是應屆畢業生或是轉職者，進入BCG工作的人之中，不少人擁有成功的經驗。因此也具備相當的自信，不過，這種類型的人有一個容易誤入的陷阱。

那就是卡關碰壁時，不自覺地將失敗或不順的原因歸咎別人，像是怪罪「主管不好」「同事太差」「資料不充分」等，首先會向自身周圍尋求失敗的原因。也有認為「自己和這家公司不合」「不適合這份工作」等原因而放棄的人。

但是，能夠持續長期成長並獲得成功的顧問，在失敗或是工作進展不順利的時候，首先會思考**「原因是否出在自己身上」**，具備客觀回顧過程的誠實與謙虛。從中找出應該改善之處，能夠進一步追求更好的解方。

提到管理顧問這一行，一般人的印象也許是自信滿滿、思路清晰地主張己見的人。但是，能夠產出附加價值、持續展現成果的顧問，其實是前述具備誠實與謙虛特質的人。

工作進展不順碰壁的時候，立刻怪罪環境或他人的人，碰到狀況成長的腳步便會停滯不前；相反地，會轉換想法思考「該怎麼做才能進展順利？」「該怎麼做才能有所助益？」而繼續努力的人，就能以失敗或障礙為動力而持續成長。

沒有思考如何改變自己，而是怪罪別人的行為、外在環境與運氣，導致停滯不前，最後放棄。

另一方面，專注於自己所能做到的改變，能夠持續不斷思考「該怎麼做才會有所助益？」的人，從長期來看，能夠持續成長，也能夠對績效成果有所貢獻。而這種現象，應該不僅限於顧問業界才是。

心態能夠在短時間內改變

為何能心態夠加速驅動成長

一般以為，心態無法在短時間內改變。但是，這是千真萬確的嗎？如果思考現在的心態是如何形塑而成的，應該就會理解到，心態是由過去至今的經驗累積為基礎逐漸培養而成。

理所當然地，我們每天都在累積新的經驗。因此，如果有以經驗為基礎的「體悟」，要轉換心態是極為可行的。

是否可由執行者或跟隨者轉換角色為領導者，並非可由能力的差異一概而論。有些人執行力或實務能力很強、身為工作執行者非常優秀，卻找不到更上一層樓的突破點，無論經過多久也無法成為領導者。

若是累積許多努力與實務經驗，得到成為突破瓶頸的「體悟」和「契機」的機率確實會有所提升，但這只是一種概率論。那麼，該怎麼做才好呢？

在BCG，探詢了顯著成長顧問們的意見，了解到他們行動模式具有幾項共通之處。最近，以育才者的身分，有意識地打造出這些所謂「共通點」的經驗環境，並且向接受培育者明確地傳達，希望他們認知到我們所採取的行動。

這些共通點可以概略區分為以下四項。以邏輯而言並不符合MECE原則（mutually exclusive collectively exhaustive，彼此獨立，互無遺漏），不過，這是從過去的經驗法則歸納為文字的心得，請各位讀者包涵。

成長經驗①：突然面臨與客戶對峙的場面

對於顧問而言，具有最大影響力的便是客戶了。

在企業客戶之中，比起顧問累積了更多實務經驗，不論是身為工作者或以一個人的角度而言，優秀的人非常多。而要與這樣的客戶認真地對峙抗衡，對於初出茅廬的顧問而言，是非常大的壓力。甚至會有無意識地躲在專案主管的背後，只能說明資料、詢問對方的意見等進行單向溝通。

而當主管（海外出差、臨時生病等）缺席，自己被趕鴨子上架，一定得做點什麼的狀況，據許多顧問所說，這就是自我改變的契機。

沒有後盾、必須代表團隊與客戶互動的過程中，彼此看法不同導致有意義的摩擦和衝突。由於客戶的意志、信念與熱情，觸動了顧問，從而發自內心產生「無論如何都想幫忙這個人」的念頭。透過這樣的體驗，即便失敗或碰壁，還是能夠鍛鍊克服困難、交出成果的恆心與毅力。

不可思議的是，在團隊之中，無論如何施加壓力或營造高度緊張感的環境，也不會產出同樣的成果。在人才培育的領域，「知人善任」是最重要的準則。

「背水一戰」「狗急跳牆」等，其實有許多成語道盡這種狀況，但能否有意識、有目的創造出這種環境與情況，是人才培育的成敗關鍵。

成長經驗②：累積微小的成功經驗

而為了得到找出突破點的「體悟」，另一個契機便是成功經驗。為了累積微小的成功體驗，嘗試發言、嘗試提案等，自己必須要勇敢地踏出第一步。

而自己踏出步伐的結果若連結到正面評價，或是獲得感謝等成功經驗，就會產生良性循環，能夠促使自己再往前邁進。由收到指示後採取行動的跟隨者，轉變為自我思考、有目的而採取行動的領導者，這是心態轉換的契機。

雖然與前述「與客戶對峙」的內容有部分重複，希望能夠向各位讀者介紹最近實際發生的案例。這些例子是來自於和本書另一位作者木村一起工作的優秀年輕人。

他負責擬定客戶企業中某個部門的成長戰略計畫。與客戶之間的開會頻率是一個星期三次。BCG準備經過分析的市場資料做為討論的素材，企業客戶則自備彙整後的技術戰略或預算執行狀況等資料，針對專案應該往哪個方向推動進行討論。

某天的討論中，該位年輕顧問對於客戶所堅持的「至今為止的做法」，無論如何都無法抹去其所感受到的不協調感。因此，雖未經過特別分析或有其它公司的前例參考，以「雖然只是我的個人意見……」為開場白，這位年輕顧問堅定地試著提出反對意見。

發生這種狀況時，客戶的反應一般而言可以分為二種模式，一是抗拒反對，二是得到新觀點而感謝，通常會是這兩者之一。

幸好，當時客戶的反應是後者。以該名年輕顧問的發言為開端，從客戶的組織內部也產生了與過往相異的意見；就結果而論，最終該次會議成為截至當時為止、所有的會議中討論最熱烈的一次。

這個結果，成為「客戶所求的，是透過有意義的討論，讓組織或生意往前邁進」「此時未必一定需要Power Point的資料或Excel的分析」等「體悟」（試著將當時的經驗為了成書化為文字之後，再度令人驚訝於這是多麼理所當然的內容）。

截至當時為止，這位年輕顧問皆是以與主管討論提案內容並整理資料、在下一次的會議說明提案資料內容的方式工作。為了要讓工作進展順利，因而遵從默契；並沒有以「客戶所屬的組織生意往前邁進」，放在第一順位來思考的行動。

不過，在發生這件事之後，BCG內部的討論，也有了新的方向；比起製作資料，更先一步採取的行動是「現在立刻出門」，到企業客戶面前積極說明新的提案內容。

成長經驗③：失敗為成功之母：善於回顧分析挫折與失敗經驗

回顧並且反省進展不順的經驗，這件事應該每個人都在做；不過，是否「善於」此「道」則又另當別論。將失敗或挫折的原因歸咎於他人或外在環境則根本不值得一提。確實地觀察、回顧自己的行動，才是能夠與成長有所連動的反省。

但是，若無法順利地做到這一點，往後同樣的狀況仍會不斷重覆發生。所有的行動，都是自己「做出選擇」的結果。舉例來說，「一個月內要減重一公斤」的減肥計畫失敗的狀況，光靠下定決心「有好幾次在睡前喝了啤酒。下次不能再喝了」，恐怕下一次依然故我吧。

「為何」會喝酒？「為何」無法忍耐？如果不針對這些問題進行分析，試著找出自己的思考模式，下一次面臨同樣的狀況時，也無法做出不同以往的選擇。

若知道原因在於「泡完澡後口很渴，因此想要喝有碳酸刺激的飲料」，便可採取行動「在家裡不要擺啤酒」「預先買好氣泡水放在家裡，洗完澡後就可以飲用」，就能夠避免「喝啤酒」這個選項。

若原因在於「想要消除工作壓力所以喝啤酒」，就必須用其它的方式來消除由於工作而產生的壓力。像是下班後先到健身房稍稍運動身體等方式，若能順利消除壓力，也許就能夠避免「喝啤酒」這個選項。

不是思考「為何無法做到A（正確的選擇）？」而是**反省「為何選擇了B（錯誤的選項）？」自問「究竟我經過如何的思考過程，最後決定選擇B（而不是正確的A）？」**若無法進行如此的自我分析，失敗經驗便無法真正為下一次的狀況所用。

回顧挫折或失敗經驗時，若能仔細分解自己的思考、選擇或是決策過程，追根究柢之後，最後經常會發現原因出在自己「內在的課題」（心態）。藉由建立起此種自省的習慣，心態也會開始產生變化，應該就能轉換為可以持續成長的體質。

成長經驗④：轉化立場

一般而言，我們經常聽到「換了位置就換了腦袋（職位使人改變心態和想法）」這種說法。這個法則在ＢＣＧ我們認為也適用。特別容易產生重大變化的，是在團隊成員晉升為主管的階段。由於晉升導致意識與行動產生重大變化的人，可以分為二種類型。

其一，「因為成為主管而一定要這麼做」，以此強烈的責任感為開端，隨著時間經過，不知不覺間本人的思考方式本身也逐漸改變的模式。常見狀況是在回應周遭對自身期待的過程中，形成某種自我暗示，在不知不覺間成為自己帶頭引領周遭的優秀領導者。

其二，將身為團隊成員和身為主管的二種自我意識與行為完全切換的模式。許多非常優秀的外籍顧問就是符合此種模式。或許這是因為在海外，工作定義（job description）相當明確，工作者都是以和公司之間所訂契約內容為基礎進行工作所致。

但是，一般來說，即便職務角色轉換，要立刻將自我意識或行為模式，切換到相應於新職位的次元是非常困難的。之所以形容這些外籍顧問「非常優秀」，其原因就在於此。

以育才者的角度而言，困難的是判斷對方是否為適合此種做法的人才。與前述的成長經驗①至③不同，編號④的成長模式，必須擔負先給予接受育才者晉升職位的風險。因狀況不同，也許也可能會發生即使職位改變但是心態卻無法轉換的情形。

身為育才者（師父）為了避免識人不清，針對親自培育的徒弟（具備一定水準以上的技能是當然條件）是否具備身為未來領導者所需的正直與人品這一點，一定要嚴格地事先觀察與評斷。

成為長期「持續成長」的人才

什麼是能夠持續「成長」的人

雖說目前是需要即戰力的時代，但企業所尋求的不只是「現在」優秀的人才。企業真正在尋找的是，配合今後變化的環境（目前完全無法預測的走向），不會灰心認輸，**即使犯錯也能從錯中學，進而自我成長的人**。

在檢核表的所有空格打滿勾勾一樣的蒐集技能狂，無法成為上述的人才。畢竟技能一旦派不上用場，一切就結束了。

如同先前所述，若有嫻熟運用所知技能的能力，就能夠配合環境的變化充分運用既有的技能。若有自己並不具備的知識或技能，活用公司組織內部人脈網、得到他人幫助，也可以對於績效成果有所貢獻。

此外，若有正確的心態，為了要拿出成果也能夠讓自己產生改變。誠實面對「接受自己有所不能的事實」，即便如此「為了拿出成果，為了對他人有所助益」，無論失敗多少次「也會持續挑戰」，就能加速自我成長。

最後關鍵在於強烈的訊息和思想

脫離技能狂的陷阱、具有在何種情況之下運用某項技能的判斷力，以及培養正確的心態，這是至今為止的章節所陳述的內容。藉此能夠加速並持續成長。除此之外，最後能夠帶動組織或生意發展的重要關鍵，就是「自己想要成就什麼？想要傳達什麼？」的訊息（想法和思考）。

介紹一個例子吧。BCG會對企業客戶提供教育訓練。像是以企業客戶的執行董事為對象舉辦簡報研討講座，針對簡報時的語氣態度、簡報內容的大綱、身體語言和手勢等提供建議。

此時不僅是介紹基本概念，也請所有參加者實際進行簡報，藉此傳達適合每位參加者各自的簡報模式（簡報進行方式）。若能習得適合自我特色的進行模式，短時間內簡報能力就能突飛猛進。但是，光是這樣還不足以進行出色的簡報。

在與參加者的互動過程中所得出的結論，關鍵在於「希望向受眾傳達什麼？」此種訊息的強度，以及為了傳達上述訊息反覆斟酌所採用的言詞。然而，即使能夠巧妙運用模式（技能），但是內容（思想）貧乏，終將一事無成。

Power Point 或 Excel 的技能屬於手段，是為了達成目的。運用動畫等技巧，能夠製作出精緻設計的簡報資料，但是，單是這樣無法成為能夠打動聽眾的簡報。

相反地，就算不使用 Power Point，若有強烈的訊息，僅僅依賴寫在白板上的簡短文字，都能夠提出具有說服力的提案。

想要做這個、想要傳達這個，此種強烈的想法在使組織或生意往前邁進並且牽動人心，是極為重要的。若無此關鍵，則會在「執行者」「讓人方便差使的工具人」的角色停滯不前。

這一點雖然稍為遠離了人才培育這個主題，但就長期而言十分重要，因此希望能在本章的最後強調。

第一章總整理

- 僅是蒐集與鍛鍊技能，並無法讓人成長。「技能」再加上「技能活用方式」與「心態」是必要的三合一組合。
- 其中特別是「心態」是成長的基礎。如果沒有這樣的基礎，想要持續成長將顯得非常困難。
- 「心態」是可以改變的。不論是「育才者」或「接受培育者」本身，都必須掌握住改變心態的契機。
- 不僅是「現在」優秀，憑藉己力成為能夠配合環境變化、持續成長的人才非常重要。

接下來，第二章說明「成長方程式②：正確目標設定加上正確自我認知」。

第二章

該如何突破「僵局瓶頸」

成長方程式②：正確目標設定加上正確自我認知

於本章將針對ＢＣＧ培育人才的第二個方程式「正確目標設定」加上「正確自我認知」進行說明。

這則方程式如同第一章所舉出的第一則方程式，是經由負責為數眾多的顧問人才培育過程中的體悟或發現，所導出的結論。

本章首先將針對讓我們歸納出這個方程式的源頭，在每天的人才培育現場都會遭逢的「瓶頸」，區分為數種模式介紹，並且找出問題所在。

明明很努力，為何會遭遇僵局瓶頸

對於工作具有高度熱情的人（至少外表看似如此），就磨練特定技能這個層面而言，付出比他人更多的辛勞和努力，為了追求成長也投入許多時間和成本。但是這些努力無法表現在工作成果上，總是聽到「這個人最近碰到瓶頸了吧」的評語。

對接受培育者本人而言和育才者而言，這種類型難以找出「該怎麼做才好」的解決方法。

其實，既有熱情也付出許多努力，卻總是無法順利成長的人，竟然出乎意料地多（如果原本就沒有衝勁也不努力的人，應該就不會感到煩惱，也不會閱讀本書了吧）。

此處將試著列舉出三種容易陷入此種僵局瓶頸的類型。

僵局瓶頸類型①：把手段當成目的

有一種人，也有明明參加了各種行銷分析的講座，一旦工作上需要訂定行銷策略時，卻始終只能提出４Ｐ或３Ｃ等教科書上的架構，而完全拿不出具體點子的人。

也有一種人，早晚都去英語會話教室上課，通勤時間或周末假日也都珍惜時間用功，多益（ＴＯＥＩＣ）的分數也確實提升了，但卻沒有積極接觸海外當地資訊也沒打算進行國際交流。與海外公司之間的電話會議，也總是只會寫筆記而不發一語。

雖然「希望自己能夠做到那個」「打算學這個」而天天努力不懈，但始終停留在習得某種事物的學習活動，但是這些「技能」（工作術）卻沒有呈現在工作成果上。

按理來說，原本應該必須設定目的和到達的目標才是，在沒有如此做的狀況下，

「茫然地」選擇努力著手的事物、漫無目標地橫衝直撞。

因此，「提升多益的成績」或「學習行銷分析手法」等手段反倒成為目的，努力卻和工作成果毫不相干。

這種傾向在前述的技能狂身上經常可見，也就是希望以簡單明瞭的級別、分數、證書等「尺規量表」來測量自己的成長。

換句話說，將「用功學習」的手段當成目的，結果忽略「為了提升工作成果，哪些能力是必要的」這樣理所當然的課題。

僵局瓶頸類型②：搞不清楚自身現況

也有一種人，自我評價與周遭對其評價落差很大。根據我們的經驗法則，如果有人自稱「我很擅長某種技能，希望以此當成為自己的強項」，超過半數以上，都屬於這種自我感覺良好但搞不清楚自身現況的類型。

而經常可以代入在這種類型人發言中「○○」的關鍵字，大多是外文、定量分析、特定領域（如網路相關等），是為了經營人際關係而自稱擅長的項目。希望藉由自己擅長的技能對團隊有所貢獻（並且有付諸執行的打算），但實際狀況卻是持續「空轉」。

這種狀況是因為將所謂**「自身技能之中『相較之下』比較擅長的項目」**和**「這項技能達到專業人士的水準」**兩件事混為一談。

如同後述，以自身強項一決勝負是非常重要的發想，但是此處所謂的強項，若是沒有鍛鍊到可以在「市場」上作戰程度的水準，那麼，從真正的意義上來看，就無法稱這種技能為「強項」。

以我們的感覺而言，有很多人屬於這種「搞不清楚自身現況」的類型，在某種意義上，也許是表示能夠以「市場」價值來評斷自我價值的人並不多。

此外，近來所謂「在稱讚中成長」的溝通以虎頭蛇尾的形式進行，應該在某方面也助長了這種自我認知與現實的落差。

透過稱讚讓對方建立自信、並增加其安全感這件事當然很重要，但是，恐怕會在讓當事人正確認知自我這一點上遭遇失敗。

有機會和這類「搞不清楚自身現況」的人對話時，經常會聽到「無能的是所屬部門

（或專案），或是上司、團隊的錯」這一類的發言。

重點在於，其思考邏輯是因為自己有擅長技能與強項，拿不出成果則都是讓自己無法活用長處的外在環境的錯。

若是陷入如此的心理狀態，多半都聽不進他人的建議忠告，行為上也不會有任何改變。有時甚至會產生對周圍抱持攻擊態度或敵意。

若到了這個地步，任誰都不會打算認真地培養這樣的人，結果造成這個人在各個部門之間成為避之惟恐不及的「人球」。

僵局瓶頸類型③：停留在執行者階段而不反思的人（動手卻不動腦）

稱「自己很擅長某項技能，希望以此為自己的強項」的人之中，當然也有些人的技能具有專業人士的高水準。

但是，其中也有被認為「遭遇瓶頸僵局」的人存在。善於製作Excel等軟體的分析模型、埋首於精密分析模式的人，就是這種類型之一。接下來，我們用一個實際的例子說明。

以前在某個專案的公司內部團隊會議中曾有過這樣的狀況：當時，由合夥人、主管與團隊成員的顧問數人一起討論。投影機打出Excel的工作表資料，同時針對某家企業將來的業績預測。

一位合夥人提出疑問：「三年後的銷售成績能有如此發展，原因是什麼？」

針對這個提問，負責模型分析（modeling）的年輕顧問回答：「沿用過去五年的平均成長率百分之八點六」。

之後主管立刻補充：「若將市場成長的趨勢與市占率變化等因素納入考量，這個數字也許有點太樂觀了」，提醒團隊重新思考。當時的狀況讓人留下了深刻印象。

這位年輕顧問的Excel操作技巧達到讓人讚嘆的程度，多虧有他在，會議當場就可以順應討論的內容即時修改調整預測模型，在短時間內就能夠掌握專案的大方向。

但是這樣的狀況，如同第一章亦有所提及的，專業能力無人能及，但卻潛藏著停留在「執行者」階段的風險（風險指的是執行者只動手做卻不動腦，以為只要善於執行即可）。「從數字中解讀出何種訊息？這是為了引導出何種工作上的判斷所需的數字？」

若無法進一步逼近這些核心本質問題，只會跑Excel分析，就無法更上一層樓。

這樣的年輕人，包含BCG在內，在專業公司（professional firm，指的是管理顧問公司、律師事務所、會計師事務所等）中存在著一定的人數。由於總是能夠對誰有所幫助（比起完全派不上用場的人，這種人來得強的多），但只靠可以高水準地完成他人所交辦委託的工作，不僅無法培養自己的判斷力，也不會有所成長。

自己希望達成什麼目標？是否一定要朝這個方向？針對這些問題若沒有明確的藍圖，並以此為目標採取行動，將會淪於「這位新人雖然很優秀，（但是在下一個階段就不樂觀）」這種難以成長的模式類型。

成長，需要正確的目標設定與正確的自我認知相輔相成

那麼，究竟該怎麼做，才能讓努力與實際工作成果之間產生連結呢？在考慮這個問題之際，希望能由將包含顧問在內的職場工作者的成長賦予以下定義開始。

成長，就是消除「目標」（在組織或工作上拿出成果的狀態）與「現狀」（目前的自己，也就是自我認知）之間的落差（課題）（圖2-1）。

若按照這個定義進一步思考，則為了要有所成長，正確的目標設定與正確的自我認知兩者，必須相輔相成，兩者缺一不可。

未設定目標，只是漫無目的胡亂努力，僅是時而事後回顧認為「今天比昨天更好」，既無法提升成長速度，也無法持續成長。

此外，若是目標設定錯誤（例如，設定以成為優秀的執行者為目標），即便確實達成目標，也無法成長為原本應該引以為目標的樣貌。

另一方面，若是自我認知有所誤差，既無法徹

圖2-1　什麼是工作上的成長？

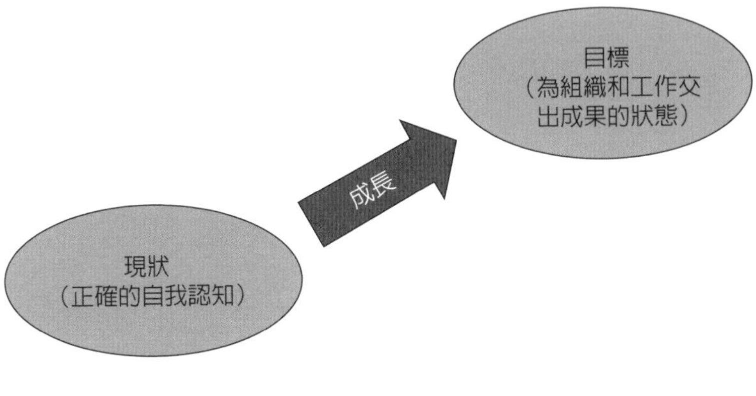

底判斷確認課題所在，也會弄錯應該採取的最佳手段方法。

錯誤的自我認知也可能成為心理障礙（barrier）。該如何發揮自己才能展現成果？該加強何處才能對客戶或團隊有所貢獻？關於這些問題也將無法冷靜判斷。

正因為有正確的目標設定與正確的自我認識，才能夠看出課題所在，也可以釐清在哪個階段應該採取何種行動等具體對策。

錯誤的目標設定或自我認知，又可分為幾種類型。在以下的章節，將為讀者分別說明這些容易讓人落入的「陷阱」。

藉由認識這些陷阱，應該就能得到正確整合目標設定與自我認知的方案，避免落入陷阱。

目標設定的陷阱

那麼，就讓我們來看看在目標設定上常見的三種陷阱吧。

陷阱①：訂定空洞的「標語口號」

錯誤的目標設定中最多的類型，應該是僅將「標語口號」（slogan）當成目標。在進行人事面談問對方對自己將來的期待為何時，有八成的回答都會落入這個模式中。

舉例而言，約莫是這種感覺的言詞。「希望能對客戶更有幫助」「希望成為受到經營者信賴的顧問」。若是其它的業種，應該可以列舉出像是「希望成為頂尖業務員」「希望能夠企畫出原創商品」等答案。

乍看之下像是沒有任何問題。不過即便這些內容當成標語口號很好，但是為了自我成長所設定的目標則不夠充分。

目標設定的關鍵，必須能夠指出為了達到目標，應該採取何種具體行動。

但是，**這些標語口號的解析度太低（不夠具體清楚），「該如何實現？實現之後又是何種狀態？」等問題，完全讓人無法掌握**。

雖然並不懷疑這些標語口號與長期的成長有所連結，但若在短期內要拿出成果並加速成長，就需要將「標語口號」，拆解成為具有時間軸，並且連結到具體行動的「高解析度目標」才行。

舉例而言，其大致概念如下。

並非「希望能對客戶更有幫助」「希望成為受到經營者信賴的顧問」，而是「幾年之後，當某經理碰到困難的時候打電話到我的手機，談了三十分鐘後，希望對方會告訴我『跟你談過之後，我的思緒清楚多啦』。」如此明確具體的「高解析度目標」設定。

不是「想要成為大數據（big data）的專家」，而是「幾年之後，在金融業界活用顧客資料此一領域，成為BCG亞洲區的第一把交椅，與十位全球金融機構的技術長（CTO，Chief Technology Officer）建立能夠定期討論的人脈網」，連程度和層級等細節都能夠具體化。

關鍵在於「在職場和這個行業中，希望能夠對客戶有何種貢獻」「能夠做到某事的自己、希望在何時達成」等問題，具體想像畫面和細節。

如此一來，「透過對於時間軸的明確意識，如何規畫進行高難度的項目？若要符合現實狀況，必須以如何的速率採取行動？」等問題的答案也將更為明確。

若仍然維持是「標語口號」，很可能只能保持現狀，導致成長無法持續，最後，也只能交託給運氣了吧。

陷阱②：想要成為「自己所憧憬的某人」

「為了成長，設定目標是必要的」。雖然對此有所理解，但不知道該如何設定目標時才好時，容易落入的陷阱就是「想要成為自己所憧憬的某人」這種目標設定。也就是以「集所有目光焦點於一身的人」、職場上「能幹的上司」，或是登上雜誌版面的「某人」為自己的目標。

但是，初出茅廬的顧問說出「希望成為內田和成（BCG日本前負責人）」，若是當成自己的憧憬嚮往當然很好，但並不適合當成目標設定。不論是經驗或擔負的責任角色等，完全因人而異，因此很難將這個目標「拆解為具有時間軸、並與具體行動有所連結的高解析度」。

另一個困難之處在於，輕易地設定某人為典範榜樣（role model），很容易淪為複製品。「所憧憬的某人」與設定目標者，是個性或素養都完全不同的兩個人。假設這樣的目標設定者企圖成為「某人」，最後成為只掌握到「某人」特質百分之八十的劣質複製品，落得「畫虎不成反類犬」的下場。

在職場上，判斷「何人善於何事」時，「比各個項目的專家程度稍微差一點，可以差強人意地搞定所有事情的人」，並沒有什麼存在意義。原因是職場上的商戰是一種團體戰。以差強人意的程度什麼都可以搞定的人，對於團隊而言不管在哪個方面，除了差強人意的價值以外，什麼都無法提供。

相較於此，「無法做到的事情就交代清楚，但具備某種能力突出強項的人」，其能力突出的部分對於團隊將能貢獻莫大的價值。如果能集合這樣的人才組成團隊，就能夠拿出突出的成果（當然，不需贅言的前提是團隊成員各自擁有別人所不能的項目，能夠互相補位支援）。

由好萊塢電影《不可能的任務》（*Mission: Impossible*）、《瞞天過海》（*Ocean's Eleven*），或是暢銷漫畫《海賊王》（*One Piece*）與《灌籃高手》（*Slam Dunk*）等作品也可得知，團隊成員（即便有不拿手的項目或弱點）總是具備某種特別突出的強項，而此種特質與其它團隊成員之間彼此不重複，藉由大家各自活用發揮所長而得到成果。

當然，這種團隊組成的設定方式，雖然也有當成娛樂作品故事設定比較優秀的部分，但應該也是非常容易理解的例子吧。要讓團隊可以拿出成果，必須以角色責任分擔為前提，而團隊成員各自擁有他人沒有的頂尖才能。

針對自己所不擅長的領域，最低限度只要努力到不會極端地拖累團隊即可，並不需要平均地填補自己技能上的所有缺陷。

不是企圖成為其它任何人，而是**以自己的強項為基礎，找到適合自己的戰鬥方式（目標）**，這才正是要能在職場最前線達到成果，最為整體全面的成功路徑。

陷阱③：熱衷於短視近利的「打地鼠」

這也是另一個經常會落入的陷阱。將最近工作上「做不到的事情」轉變為「做得到的事情」設定為目標，正是「打地鼠」模式。

與前述兩個眼高手低的陷阱正好相反，這個陷阱的特徵在於視野極為狹窄，而且非常短視，總之只關注眼前課題，並以此設定目標。

舉例而言，在最近的專案中被專案經理指出「做不到邏輯思考（logical thinking）」，因此就設定目標為「轉變為可以做到邏輯思考」。如果遭人指稱「顧客服務導向不足」，就設定「轉變為顧客服務導向」為目標，大致是這樣的狀況。

而造成這種狀況的原因，在於一開始與目標連結的問題設定方式不夠明確，或根本不正確。

無法「對於顧客，希望能夠提供怎麼樣的附加價值」「希望如何對於團隊有所貢獻」等，以產出（output，即成果）為出發點來設定目標。不論是邏輯思考或是顧客服務導向，應該都只是為了達成某種成果的手段（而不是目標）。

這種缺乏以成果為基礎，只會漫無目標「打地鼠」的類型，很可能讓人淪為將手段目的化的技能狂。

延續前述的例子，「藉由培養自己邏輯思考的能力，希望達到什麼樣的成果」，以及要提升邏輯思考能力這件事「希望在何時實現」等目標設定的要件不夠充分。「轉變為顧客服務導向」亦然，在自己現在的工作中，針對「所謂的顧客服務導向，具體而言指的是什麼樣的行動」「藉由轉變為顧客服務導向，希望達到什麼樣的產出（或希望產出能有什麼樣的變化）」，必須具體描繪並重新設定目標。

自我認知的陷阱

接下來，關於第二個方程式中的另一個要素，也就是自我認知，希望介紹在與年輕工作人員之間的對話中所觀察到常見的陷阱。

陷阱①：認真的人也在無意之間抱持「原因他人論（怪罪別人）」的想法

如同至今的章節所述，將自己的不順怪罪他人、歸咎於外部因素的人非常多。但如果落入這個陷阱，（假設即便真正的原因確實出在自己以外的因素上）成長也會停止。

經常聽到這種說法，光靠自己無法改變別人或是外在環境，或者是說即使能夠改變，也必須花上龐大的時間與功夫。如果歸咎於他人或環境，當下那個瞬間自己的心情或許比較輕鬆，但若計算怪罪外在因素所耗費的時間與精神，其實成本效率不彰。

此外，若認為原因是出在自己以外的他人或環境等因素上，就不會著眼於自己身上的課題；而這是造成錯誤的自我認知、或無法與成長連結的自我認知的元兇。

接受現狀「做不到某事」「不善於某事」的自己，若不以此做為前提來思考該如何成長，狀況就不會有所改善。

首先，如果不學習**「原因自我論（問題都出在自己身上）」**的態度，甚至連成長的入口在哪裡都看不到。

實際上，令人感到意外地的是，看似誠實認真，不像是「寬以待己」類型的人，在與他們對話的過程中，會發現他們不自覺地落入「原因他人論」（怪罪別人）的陷阱中。

舉例來說，在專案結束後的回顧中，這種人提出「得到寶貴的經驗，學習到很多。不過，如果能夠給我更多的工作，我想應該能夠成長更多。」「如果能夠給我更多與客戶直接接觸的機會，我想應該能學習到更多。」等自評。

看起來像是正面積極的反省。但是，到底對方在執行專案的過程中，是否曾自行提出「希望能多給分派工作給我」「希望有更多接觸客戶的機會」？如果沒有提出，又為什麼不說出來呢？

乍看之下充滿上進心、是正向的回顧反省，但其實是將自己沒有成長（或成長不足）的狀況怪罪別人。

「環境不佳」「沒有機會」「專案與自己的期待有落差」「客戶的資料不全」等，將原本應該自省的功課推給外部因素，千錯萬錯都是別人的錯。最後，這種人因為無法自省，成長也隨之停頓。

再舉出其它在不自覺之間陷入「原因他人論」陷阱的例子吧。

我想銷售業務負責人比較常採用如「貴客戶的投資計畫較當初所預定的延遲了一年，因此本期的訂單金額下降。次期則預測能夠按照預定金額下訂單。」「相較於原本計畫雖然不足百分之七，但市場狀況較去年同期衰退百分之五，我們公司將狀況控制在減少百分之二」等這一類的說明。

在銷售會議中，明知對方應該會要求自己「即使如此也要想想辦法」，但以所面臨的窘況為開場白，這種狀況仍然很多吧。

會這麼說明的人，並沒有特別帶有惡意，也沒有「要把過錯推給誰」的意識。但是，從過去的說明資料中借用了類似的言詞，稍微更新（update）之後複製貼上（copy and paste），可能多少對於自己的這種行為有一點罪惡感吧。而如此進行說明的銷售業務負責人，有很高的機率將來會重複這種計畫無法達標的狀況。

即使那些外部因素確實存在，還是應該反求諸己，自省「我沒有想到所有的可能」。能夠對自己拋出「為什麼無法預測到這種事態發展？」「若是在意料之中的事態，無法採取任何對策嗎？」這些問題的業務負責人，在過程中將學習獲益良多。

同樣的狀況並不限於銷售業務負責人，也可能發生在分公司的總經理或事業部門的主管這種層級的人員身上。在這種狀況下也應該可以利用情境規畫（scenario planning）等方式，事先設想廣泛的未來情境（scenario），此外，若本來就在難以預測未來的狀況下，也可改採壓低控制固定費用的商業模式以累積應變能力，這也是一種對策。

只要遇到工作進展不順利，就向外尋求原因，推給外部因素，這樣一來，不僅無法自省，也會失去提升自我表現（成長）的機會。

我們一再提及，如果一個人想要成長，具備「除了改變自己，沒有其它方法」的意識是非常重要的。也許很多人感到「就算是全部當成是自己的錯，要這麼大徹大悟實在是不可能的事情吧」，但其實這是誤解。

原因自我論，指的並不是委屈自己背負所有的責任，而是如果能夠改變的「自己」就是問題的原因，那麼當然有可能扭轉劣勢，這種正向積極思考才是原因自我論。

其實比起來，反倒是所謂的原因他人論，在他人無所改變的長時間內，都必須要忍耐進展不順的狀況，反而會讓自己一直抱持著厭惡不快的心情。

附帶一提，雖然二位作者都是堅定的原因自我論者，然而，我們絕對不是已經看破一切的超凡之人。

陷阱②：永遠在「尋找幸福的青鳥」

這也是原因他人論的另一種形式，經常認為「自己無法發揮全部實力（或沒有鬥志），是因為這裡不是自己應該活躍的場域」這種類型的人。

覺得「自己真正想做的事情不是這個，而是另有其它。還沒遇上自己的天職」，而不斷持續尋找青鳥的旅途。把焦點放在尋找青鳥上，卻沒有著眼於現在的自己。導致在自己所處的環境中，看不見自己應該做的事情了。

「真正想做的，其實是以環境問題為內容的主題，但現在卻『遭人強求』負責資訊通信產業的新創事業專案。因為不是自己真正想做的工作，再怎麼樣都不會讓自己打起精神來多努力一點。導致拿出來的表現也總是差一點。無論如何，都希望可以指派可自己與環保相關主題的專案」。

經常會接到這一類的諮詢。所謂「因為沒有想做的事情，所以提不起鬥志，無法對成果有所貢獻，也是無可奈何」這種說詞，根本就喪失一位職場專業工作者的資格；同時，也必須理解到，這等於錯過冷靜觀察自己、找到自身課題的機會。

個人的鬥志或積極度固然很重要，但即使如此（正因為如此），以「提不起鬥志」做為自己拿不出成果的解釋是不行的。在這種說法的背後，隱藏著「只要有鬥志，（目前的）自己應該也辦得到」的意識。因而認為沒有改變自己的必要，當然也拿不到通往成功的車票。

「希望對於解決環保問題有所貢獻」。若真是認為如此，理所當然地，就必須培養相對所需要的實力。為了達成自己的目標，具體而言哪些能力是必要的？而現在的自己具備這些能力嗎？自己需要思索上述這些問題。如果能夠做到這一點，也會理解從現在所經手處理的工作或專案中可以學習到許多。

松下幸之助的著作《路是無限寬廣》（『道をひらく』）書中的〈為了擁有獨立自主的信念〉的章節，其中有關於學習的記述。詳細內容值得各位一讀，其中寫著以只要有學習之心，就能夠向萬物學習為主題的內容。

讓人印象十分深刻的是，其中提到「也能向流雲學習」這段文字。真的能夠成長的人，即使對日常生活中的些微小事或乍見毫無關聯的事情，也會充滿求知貪欲地盡量吸收學習。

要追尋幸福的青鳥雖然無妨，但希望不要疏忽懈怠了向眼前事物學習的行動與努力。在找尋青鳥的同時，和周圍的人之間的差距逐漸拉大這件事也必須要有所自覺（知名的童話故事中，象徵幸福的「青鳥」其實就在身邊）。

稍微岔開自我認知的話題，讀者們也必須理解到，**公司雖然是學習的場域，但並不是進修機構**。

如果想要實現自己想做的事，前提也必須是自己的理想能夠與公司組織的成果畫上等號才能成立，也需要周圍的理解與協助。

相反地，當公司組織與個人之間的方向相合，若個人具備相當的實力與熱情，公司應該也會高興地給予個人發展的機會。如果無法得到公司的信賴，那麼首先應該只能專注在拿出實績上，同時腳踏實地累積努力，為了萬一發生非常事態的狀況預做準備。

當然，即便在實力不足的狀況下，也有可能得到被視為成長投資的機會。而能否得到這種機會，也應該將個人至今為止的行動與成果表現納入考量。

陷阱③：每個人都有「不自覺的思考邏輯慣性」

最後，讓我們來介紹雖然不屬於「原因他人論」，但也是自我認知陷阱的常見事例。

只要是人不論是誰，都有自己獨特的思考邏輯慣性。不自覺地影響我們的行動。若無法明確地意識到這一點，就無法理解隱含在表象問題的背景後的真正問題成因。

而所謂的「思考邏輯慣性」，又是什麼呢？大致而言，這種慣性表現在掌握理解事物的方式（價值觀），以及由價值觀所反映出來的處事方式（方法手段，approach）這兩個面向上。

所謂掌握理解事物方式的經典案例是，看到裝了半杯水的杯子時的反應。「『只』有半杯水」，有這種專注在「缺陷／無」的部分的人，也有認為「『還有』半杯水」，著眼於「存在／有」的部分的人。應該也能夠以悲觀和樂觀分類。

這種掌握理解事物方式的差別，個人至今為止的人生歷程有著關鍵影響。像是「只要努力就會得到成果」「能夠信賴夥伴」「就算失敗也沒關係」「不能犯錯」「不認錯才重要」「只要拿出結果其它事情無所謂」等，如同這些在日常生活中所培養出來的思考方式，其實對於職場上的判斷也會有極大的影響。

處事方式（方法手段）的差異又是什麼呢？「造好石橋再過河」或「摸著石頭過河」兩者之中，自己偏向哪一種？「應該以由結論倒推的方式思考」或「從現狀延伸思考」，容易優先採取哪種思考模式？可以說這些都屬於處事方式的差異。即便是在這些

「思考邏輯慣性」之中，某種意義上最容易理解的，就是因過去的工作或職場經驗，換句話說，也就是前一個工作經驗造成的習慣。

BCG的員工中有許多是非應屆畢業（中途採用）。針對進入公司之後陷入苦戰的新進顧問們所說內容抽絲剝繭，從許多人身上發現了相同的盲點。

那就是受到過去的經驗，特別是成功的體驗（或者是過去被教育為「正確的」思考方式）的影響，藉由「這樣能夠順利進行」「在這裡採取這種做法即可」等思考方式來理解自己，不自覺地延用過去的思考模式。

為了讓各位讀者能夠理解什麼是「不自覺的思考邏輯慣性」，在此介紹幾種職業的思考邏輯與模式。

為了要更易於理解，可能多少有些誇張的部分，但希望各行各業的讀者千萬不要因此而感到不舒服。這些敘述，都只是為了讓讀者理解依照業種不同，每一行的工作者都有不自覺的「思考慣性」。

此外，這裡雖然是以妨礙管理顧問成長的負面角度敘述，不過，如同後述，這些思考慣性當然也可能是正面因素。

專業人士出身者的思考模式：尋找正確答案

例如在律師、會計師與公務員等人身上經常看到的是，不自覺地「尋找正確答案」的思考模式。

在BCG中，用「採取立場」（要有主觀意見）這種說法，表示在整體的狀況尚不明朗（還不知道正確答案是什麼）時，也會屢次不斷尋求自己的意見。此外，用假說思考的方式來推展事物也是必要的。

但是，在律師、會計師與公務員等（尤其是經驗尚淺的新手）業別中，由於必須參照法律、會計準則與前例等進行判斷，個人不可能恣意行動。具有這些背景的人們成為管理顧問時，無法做到以「我認為如此這般」的想法為起點的案例，正在逐漸增加。

「因為過去的判例（前例）是〇〇，應該是〇〇吧」「因為△△的調查，彙整□□的結果，所以答案應該是□□吧」的思考模式非常強勢，當受託處理工作時，就會將時間浪費在尋找可供依循的「正確答案」或「準則」（guidance）。

由於沒有分析各種的資料或自己所觀察到的現象、思考並自行建立假說的習慣，在沒有前例或無法預測的領域，需要拿出點子或整理提案時，經常會失敗碰壁。

二位作者之中的木村也是如此，雖是出身於政府體系的金融機關，但當還是初出茅廬的顧問時，也曾執著於前述的思考模式而吃苦。

出身於專業領域工作者的思考慣性，就是在資訊尚未蒐集完整之前，有所保留、不下判斷，而且無法理解假說與靈光乍現的點子之間有何不同。

以結果而言，只能找出客觀的（或看起來客觀的）事實，僅憑這些來拼湊答案而陷於苦戰。

某天，木村當時的主管建議他：「工作是和時間賽跑的戰爭，若要等到做決策所需的資料全部蒐集完整，就會輸掉競爭。在有限的資訊中，努力彙整出自己的意見吧。藉此歸納出自己唯一想要強調的重點。」木村因此第一次察覺到自己的思考邏輯慣性。

此時，距離木村進入公司已經過了一年以上的時間。

貿易公司出身者的思考模式：結論和行動優先，道理和邏輯其次

另一方面，出身貿易公司的工作者，經常採取「結論（或假說）和行動優先，其次才是思考道理與邏輯」的思考方式。

此外，若是有所成果的時候，對於得到成果的原因毫不在意，也經常不會詳細深入檢討成功背後的機制，增加誇大評價偶然成功的風險。

以簡化的事例而言，就是流於「之前（或不同地域、類似商品，其它公司）這麼做成功了，再用同樣的方法試試看吧」這樣的想法。

本來應該先弄清楚前一次成功的原因與機制，再將當時的成功和這一次的各項條件比較，若是條件符合，採取相同方式固然沒問題，若非如此，則必須思考其它方法處理。

管理顧問很重視複製成功的經驗，即便以往有所成果，倘若沒有理解「為什麼」得以進展順利（或不重視分析「為什麼」）的機制，就很難複製或重現這些成果，導致無法推敲歸納正確的結論。

此外，由於並未了解成果背後的機制，當然也就無法說明，對於像顧問這樣，必須以假說為基礎建立理論、說明專案從開始到最後的過程並取得對方認同，職務上會牽涉到許多人的工作是非常辛苦費力的。

再加上因為忽略分析「為什麼」的機制以供日後複製活用，一旦自己成為領導者需要培育部屬時，只能從自己的「經驗」出發，導致許多人陷入不知如何「教導」的苦戰中。

另外一位作者木山出身於貿易公司，剛進ＢＣＧ沒多久，雖然會立刻說出「結論是○○」，但專案經理或合夥人問他「為什麼？」的時候，木山經常會苦笑著回答：「問我為什麼，難道除此之外還有別的答案嗎？」（連自己都無法說清楚原因）。

此外，木山也回想起剛剛開始接觸人才培育工作，當他對同事提出建議「這樣做應該不錯吧」時，對方反問：「木山先生曾經有因此工作順利的經驗嗎？為什麼能夠斷言我這樣做也會得到好結果呢？」而感到困擾的往事。

系統工程師與程式設計師背景出身者的思考模式：完美主義者

系統工程師（ＳＥ，system engineer）或程式設計師（特別是負責大規模系統建置的類型）雖然非常理性而且邏輯完整，但是因完美主義，連同所有細節都要求連貫一致的傾向非常強。

程式未完成之前動彈不得，遇有程式錯誤或瑕疵（bug）會造成一連串的問題與麻煩，因此由專業的系統工程師與程式設計師的角度而言，為了要讓工作順利，要求完美主義是理所當然的。

當然，在顧問諮詢業務上，細部的整合連貫也是非常重要的。我們在接受ＩＴ相關的工作委託時，也需要具備程式設計師那般的思考方式。

不過，若是在成立新事業等專案上，張弛有度、不過度拘泥於細節，以假說為基礎，在尚未百分之百確定之前就踩下油門，這種且戰且走、邊跑邊想的彈性也是很重要的能力。而在進行左右公司整體經營方向的管理判斷時，也會有站在能夠看見大局的觀點高度，而對部分細節睜一隻眼閉一隻眼的狀況。

重點在於，必須採用合乎工作特性的手段方法。

由於ＢＣＧ的顧問業務包含業種多元的專案工作，漸漸地就會習慣將各種的思考邏輯與處事方法區分運用。剛進入公司時吃了不少苦頭、具有程式設計師背景的顧問，也在意識到自己前一個工作的「思考模式慣性」的過程中，轉變為能夠應付面對各種不同的專案。

而且，因最近IT系統的開發環境也產生了大幅度變化（敏捷式開發方式〔agile development〕）等。（一種以人為核心，循序漸進的開發方法），很有可能與過去的程式設計師具備不同思考模式的新人漸增，在此補記一筆。

金融機構背景出身者的思考模式：討厭雜亂不精確

即使一概而論是金融機構，但因負責放款或審計業務、組織是本土企業或外商公司等不同，人員的訓練方式也隨之不同，做為職場工作者的工作方式也大有不同。

但是，從金融機構出身的年輕人轉職到BCG的共通之處，在於一開始都不大習慣顧問業特有的**「quick and dirty」（快而粗略）**思考方式。

所謂quick and dirty，如同其英文字面所示，指的是「只要差異不大，比起精確度，速度來得更為重要」的處事方式。

數字固然是重要的形成決策所需的依據，但在只要決定「向左走還是向右走」這種大方向即可時，極端一點，甚至有時候「只要數字的位數沒錯就可以了」。

舉例來說，在必須推估還不明顯的市場規模，決定是否投入這個市場的狀況下，就需要這種處理方式。

舉一個十分容易理解的例子：討論的分水嶺在於，如果市場規模估計在一百億日圓前後，就決定割捨；若在一千億日圓左右，就著手規畫細節準備投入新市場。在此前提下，不論推估的市場規模是一百億日圓、九十億日圓，或是一百一十億日圓，選擇割捨這個市場的結論都不會有所改變。

這種思考方式看在金融機構出身者眼中，會認為「雜亂不精確」，到他們能夠習慣為止，需要花上一點時間是常有的事情。此外，這是年輕工作人員既有的思考慣性，即便是金融機構的人隨著愈來愈資深，對於上述這種概略大方向型數字的討論，能夠輕鬆應對的人也會增加，在此補充說明。

順帶一提，理所當然地在顧問諮詢業務中，也存在著追求精確數字的工作。像是計算收購對象企業的企業價值、預測將來的現金流量等皆屬於這種案例。這應該是需要縝密精確的運算預測模型與正確數字的典型範例。

在這種狀況，企業價值是九十億日圓還是一百一十億日圓，在資金面會直接造成二十億日圓的差異，因此具有非常重大的意義。當然不言自明的是，在這一類的顧問案件中，金融機構出身的顧問們就能大顯身手。

醫療關係背景出身者的思考模式：避免鐵口直斷

其實，BCG光是在日本一個國家，就有二位數以上、出身醫師背景的顧問活躍於顧問業界。在與他們的談話過程中，總是令人在意的就是「冷冷地傳達客觀的分析結果，但至於最終應該如何處理等自己個人的意見，避免妄下斷言」的傾向。

詢問他們理由，果然也是來自於前一份工作所培養出來的行動原理。

先標榜客觀、避免斷言，仔細地分享風險或應該注意的地方（超過在商業脈絡中所必要的程度）等。

在沒有溝通障礙的狀況下，不深入解決問題提案的最後階段，發生了思考邏輯上「點到為止」的狀況。

順帶一提，顧問此種工作具有守密義務，因此工作的內容不能公開，從外部也很難理解顧問到底是從事什麼樣的工作。

因此，當我們受邀請參加婚宴時，總是不曉得該如何介紹管理顧問這一行。結果，

很多時候都說明自己的工作「對於企業而言，管理顧問猶如家庭醫師。」（這完全是題外話了）

無法消除「思考邏輯慣性」，但能夠控制

如同前述，思考模式的慣性經常是每個人過去的經驗累積而成。要完全去除這些信念或思考模式的慣性大多需要耗費驚人的時間與辛勞。

那麼，該如何迴避這種自我認知的陷阱才好呢？我們的建議向來非常簡單。

明確意識到自己正在不自覺地思考。

如果知道「自己有這樣的思考慣性」，就能夠管理慣性。意即若是能夠預測，就能夠採取防範未然的對策。

例如知道自己有停留在「累積客觀事實」的階段，不會建立假說的慣性，不論正確

與否，常在當下強迫自己「寫下」當時的假說。

以日常生活具體舉例，如果總是忘東忘西，就養成在玄關的大門旁邊貼上隨身物品清單的習慣即可。

例如，如同木山在前面章節所述，原本他具有很強的「貿易公司背景出身者」的思考邏輯慣性，容易忽略「比起邏輯的堆疊相對重視『假說』、思考或說明成功背後的機制」。

因此，為了要完成各項專案，也辛苦地花了各種的工夫。那麼應該如何面對思考模式的慣性呢？

首先，必須從周遭人們的反應或過去的失敗經驗中學習、並特別意識到自己有這些思考模式的慣性。尤其當成為專案經理，必須要對他人下達指示，並需要培育人才時，更加能夠明確地注意並意識到這種慣性的問題。

其次，針對輕視邏輯與機制的慣性，自己為什麼會這麼思考？為何結論是這樣？必須要經常明確地自問這些問題。

以前述的例子而言，「結論是〇〇」之後，一定要再加上「論其原因，因新增知道了事實△△，將這些事實連同過去的□□檢討，因而得出了○○結論」。

老實說，剛開始採取這個對策後，在講完「論其原因」後就辭窮到笨拙的程度，受到嚴厲指正與教導的狀況仍然沒有改變。

但是，經過徹底重複新的方法後，除了採取直接連貫到答案與成果的思考模式外，同時也能夠進行對於這種機制的考察，可以培養建立起新的思考模式。

即使仍然殘留著過去所處行業的思考邏輯慣性，藉由建立培養出新的思考模式，能夠讓既有的思考慣性顯得無害，至少不會妨礙自己的工作表現即可（**圖2-2**）。

圖2-2　與「思考邏輯慣性」共處的方法

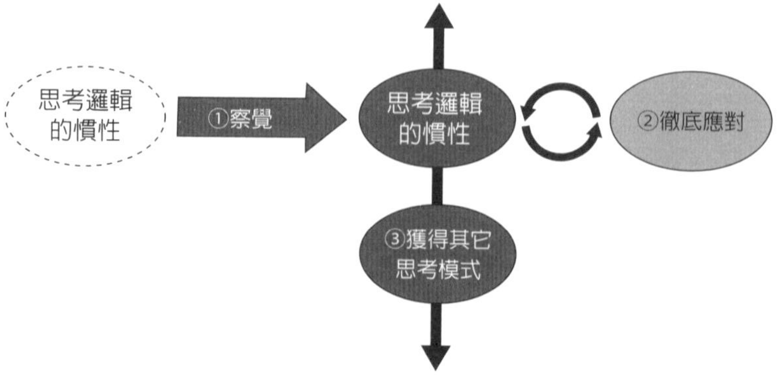

以思考邏輯的特徵為武器

附帶一提，過去的經驗雖然可能變成負面的思考慣性，相反地，也有可能成為個人的武器。

舉例而言，具有律師或會計師背景者，法律或會計專門知識是當然的強項，除此之外，在分析時，不會失去客觀的觀點，也是非常值得信賴的團隊成員。

公部門或政府機關出身者社會使命感強，通常擅長邏輯推論並具有語言能力。與行政或法規面相關的知識當然也是強力的武器。

貿易公司背景出身者，希望自己所從事的工作能夠產生影響，也力求交出成果，因此工作自然會有所進展。

此外，即使在資訊尚未完整透明的狀況下，也能夠「採取立場」、以假說為基礎迅速地推展工作。

系統工程師與程式設計師背景出身者，善於流程管理或專案管理，此外對於遵守截止期限的意識也非常強。資訊科技（IT）相關的專門知識在今天對於管理而言更是不可或缺的。

醫療背景出身者，業種的專業程度非常高，邏輯推理能力也很強，還具有希望對社會有所貢獻的高度意識（這種狀況很多）等強項。

如同這樣，藉由過去經驗所培養出來的思考慣性，既有正面也有負面影響。自覺到這些慣性可能有妨礙成長的負面影響，有意識地管理和控制是最重要的。

同時，（包含經由過去經驗所培養出來的特質）充分發揮自己特長的優勢即可。

別讓「思考邏輯慣性」成為工作障礙

當然，思考方式的慣性不僅只來自於過去的職業經驗。是由學生時代的經驗、日常生活體驗，周遭人們的類型、家庭環境等各種因素綜合累積所形成的。

以作者之一的木村而言，「樂觀思考」這種思考邏輯的慣性非常強。

在考慮後續的事情時，經常認為「總會有辦法」。

對於追求人生幸福而言，毫無疑問地，這種想法比較吃香。

對於身為工作壓力大、必須要面對眾多難題的顧問而言，也是非常有幫助的思考模式。

但是，在支援合作交涉、成立新事業的工作上，因為是處理未知程度較高的議題，沒有「未雨綢繆」設想這一點，也可說是致命傷。

在這種狀況，所採取的行動、思考的方式也都相同。

樂觀是一種人格特質，也具有正面影響的效果，因此，時至今日不會企圖再去做任何改變。

因此，想和思考慣性和平共處的方法，並不是去改變慣性，而是自己強烈地意識到自己具有這種思考慣性，採取讓自己的慣性「無法作惡」（不會造成身為專業人士交出工作成果的阻礙）的對策。

以木村為例，在工作的時候，他會有意識地假設「性惡說」，並事先設定悲觀負面的情境，擬妥備案，下苦功改變「樂觀思考」的慣性，不要讓思考慣性成為身為專業人士在工作上的障礙。

成長也是一種解決問題的方法

展讀本書至今，設定目標、實踐自我認知，彌補兩者之間落差（gap）的方式，**與解決問題的思考模式極為類似**，也許有讀者已經注意到這一點了。

這種感覺與想法是正確的。在解決問題之際，設定應該有的狀態（希望達到的狀態、目標），對於現狀有正確的認知，思考如何縮短兩者差距的方法。

所謂的成長也是一種問題的解決方式。因此，首先正確地定義目標，正確地理解自己處於何種狀態，這些事情對於成長而言是極為重要的

圖2-1　什麼是工作上的成長？

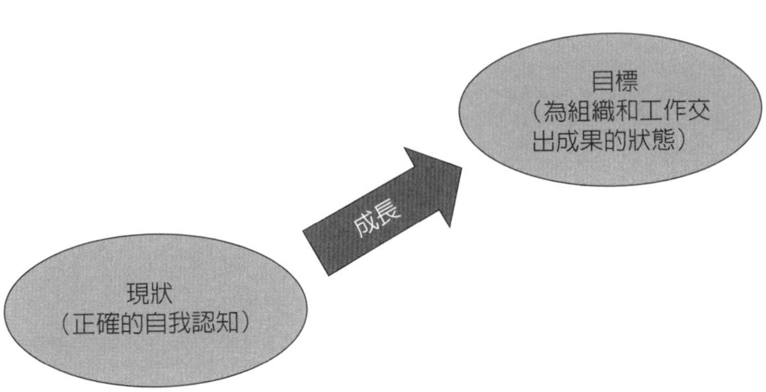

基礎。

若是沒有這個基礎，因為不知道正確的落差，無法達到正確的成長也是理所當然的。（請再看一次圖2-1）。

第二章總整理

- 若在沒有正確目標設定與自我認知的狀況下，光靠瞎忙努力，很難達到必要的成長。
- 為了正確設定目標，所需要並不是「標語口號」或「想要成為某人」，而是以自己的個人特質為基礎，具體設定目標。
- 正確的自我認知，需要具備「只能改變自己」的意識嚴以律己，同時謙虛地看待自己，意識到自己的邏輯慣性（像是「我正在不自覺地思考」）非常重要。
- 正確的目標設定與正確的自我認知，是成長的基礎。

第三章將針對基礎完成之後，說明該如何彌補落差的方法論。

第二部分

培育人才的師父、接受培育的徒弟

第三章

加速成長的鐵則

在第一章與第二章，我們介紹在BCG組織中人才成長與培育原則的二則成長方程式。接下來，第三章與第四章，則要探索關於如何才能順利「培育」「接受培育」，以及實際可行的方法論。

第三章與第四章分別聚焦在「育才者」（師父）與「接受培育者」（徒弟），以BCG的經驗為基礎介紹具體的執行方法。

這一章主要是以擔任「育才者」的師父為主。在確認現在的大環境要求職場工作者追求高速率成長後，由量與質兩方面找尋有效實現高速成長的鐵則。

而且，也會觸及該如何建立相關意識以取得周圍的支持與協助、繼續運轉成長的循環，並持續得到許多成長機會的方法。

環境所要求的，是人才成長的「速度」

兼顧短期與長期的成長

若能訂定遠大的目標、保持著問題意識，腳踏實地處理每天的工作，職場工作者必然會成長。雖然不是龜兔賽跑的故事，但長期下來，只要是勤勉不懈持續努力的人，就能夠大幅成長。

所謂的持續努力，並不是誰都能做到的事；而且只要繼續努力，一定會帶來某種效果。因此，即使短期成長緩慢，長期而言若有所成也可算是「大器晚成」。

但是，人在職場，短期、中期、長期，在所有的時間軸的區段上都必須交出成果。

特別是如同近來，在經營環境變化速度提高的狀況下，就算十年後可以拿出成果，也不可能容忍當下沒有交出成果的狀態。應該這麼說，今年和接下來三年，都能交出亮眼的表現，才能夠得到挑戰十年後的門票，才是現實狀況。

以職場的真實情形為基礎，不論育才者與接受培育者，都必須以一定程度以上的速度對客戶有所貢獻，也能夠對自家公司有所貢獻，如此一來，「人才成長」就顯得非常重要。

當然，突然要新人變成資深選手，是不切實際的期待，若是具有符合年資的表現標準（第一年就有第一年該有的表現、若是第三年就有第三年該有的表現），應該要拿出在水準以上的成果（之後要求的成長速度標準也會逐漸提高。要說易於理解的例子，各家公司要求員工的語言能力水準，與十年前、二十年前相比起來應該更為提高）。

若無法超越每個階段應有的成長水準，在工作上也很難得到向下一次成長挑戰的機會，要完成更上一層樓的成長將更形困難。

雖然很遺憾，不過，忽略短期成長而以十年後為目標的「大器晚成」成長類型，在這種環境中是很難讓人接受的。換句話說，要求的不是「有沒有成長」，而是「**能夠以什麼樣的速度成長**」。

轉職進入ＢＣＧ工作的團隊成員，好像經常感到「跟在其它的企業比起來，在ＢＣＧ工作成長極快」。

造成這種感受的，除了原本在每天在工作上受到訓練的速度感十分快速以外，再加上主管賦予自己高難度工作的機會很多，人才培訓的機制也非常完備的關係吧。此外，要求快速成長這件事情本身也有影響。

但是，即使在這些ＢＣＧ的團隊成員之間，在成長速度上仍然存在著個人差異。根據我們的觀察，對於成長速度差異這件事情有著最大影響的，是如何活用時間的差異。不論是誰，一天都只有二十四小時。在ＢＣＧ工作，如何善用時間，對於成長的速度有重大的變化。

增加學習「面積」的法則

為了提升成長速度而有效活用時間，大致可以分為二大方法（圖3-1）。

第一個方法，是增加學習的絕對時間，也就是從「量」下手。

但是，並非減少睡眠或休息時間，而把這些時間放在工作上；當然也不建議這種方式。

圖3-1 增加學習的面積

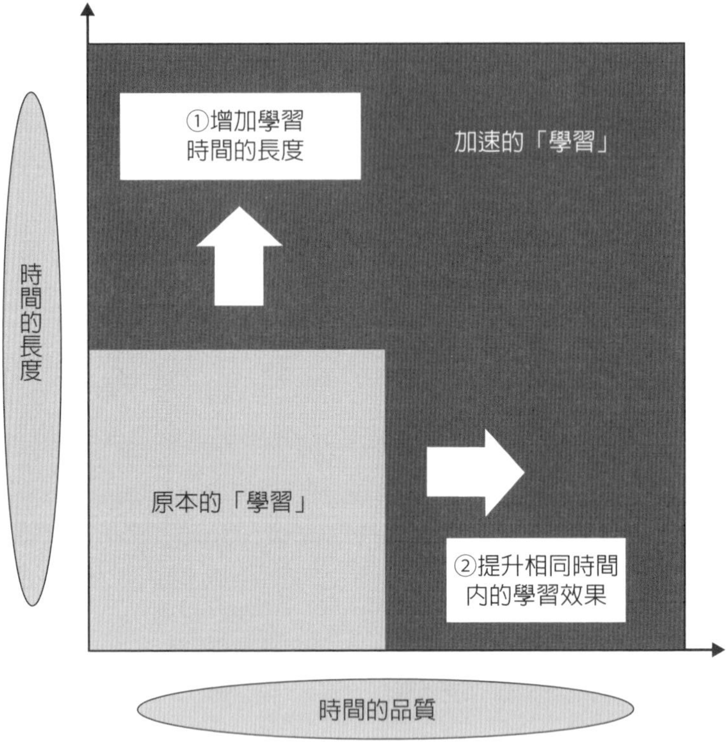

不論是什麼樣的人，睡眠或休息不足的話，專注力都會因此而低落，結果工作自然也成效不彰。理所當然地，在這種狀況下也不可能有太多學習了。

我們所謂增加學習的「絕對時間」，指的是**增加打開「學習開關」的時間**。

例如，早上九點到下午五點人在公司，應該沒有「雖然是在工作中，但關掉學習開關」的時間吧？如果有這種人，他們在工作以外的下班時間，應該也不會打開學習的開關吧？不論何時，透過有意識地執行「持續打開學習的開關」，連接到成長的學習時間將顯著增加。

第二個方法，則是提升相同時間內投資報酬率，從「質」下手。也就是使用相同的時間、經歷同樣的體驗，在過程中所學到的是一分還是十分，對於成長的效果將截然不同。

此外，知道什麼是「正確．良好」的事物再去學習，與在不知道這兩者的狀況下學習，也會有效果上的差異；學習如何將所學活用，以及沒有學習活用知識這兩者之間，在同樣的時間內學習的效果也不同。在有限的「學習時間」中，透過得到最大的學習效果，能夠加快成長的速度。

那麼，具體而言應該怎麼做，才能夠增加「學習開關」打開的時間、並增加單位時間內的學習成果呢？

試著找尋成長速度快的人是否有任何的共通點，發現了這些人所實踐的「**一（量）乘以三（質）法則**」（圖3-2）。

成長速度快的人，不僅是其中一項，而是實踐以下所述全部的成長鐵則。接下來就為各位讀者分項說明。

圖3-2　加速成長四大鐵則之間的關係

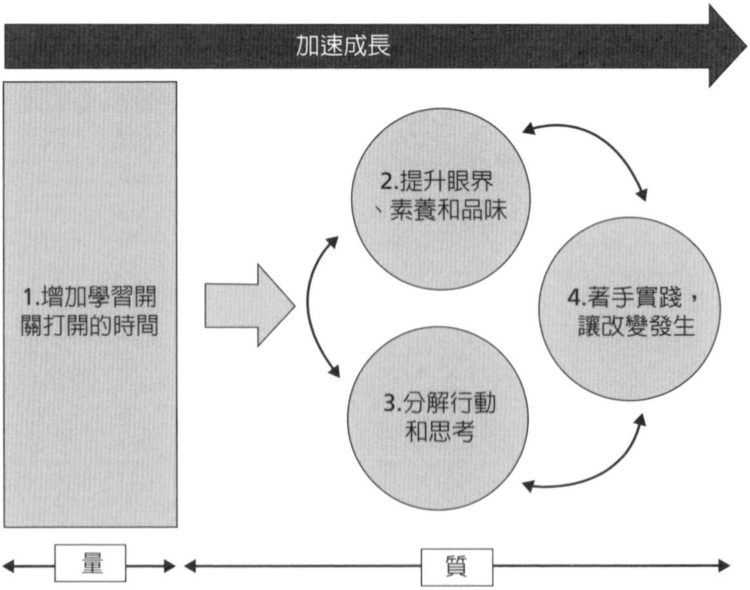

加速成長的鐵則①：增加學習開關「打開」的時間

經常且持續尋找學習的種子

先前曾提到「『應該沒有人雖然是在工作中，但是關掉學習開關吧？』」但也許有人認為「在工作中一定是保持開關打開的吧？」「在公司的時候忙於工作，沒有空關掉開關」。

這裡所謂的「打開．關上」（on．off），指的不是有沒有在工作中上網打混、工作中有沒有睡覺這一類的問題，而是在問「是否經常拉起學習的天線？」

絕對不是在工作上偷懶，只是動手不動腦，凡事漫不經心地做著以工作為名的「待辦事項」，而把學習的天線「關掉」。

例如，在接下來的問題中，有沒有符合自己的現況呢？

- 認為「這種會議一點意義都沒有」，腦袋放空地參加會議。
- 對於受人交辦的工作（包含簡單的重複型作業），只是當成「當一天和尚，敲一天鐘」的例行動作。
- 不清楚也不思考自己所負責的工作，在整體計畫或專案中的意義。
- 搞不清楚坐在隔壁的同事、鄰近的部門在做什麼。
- 重複同樣的失敗與錯誤。
- 每天都閱讀大量的傳閱資料與電子郵信，但卻未留下深刻的印象。

只要符合其中一項，那就是該增加「學習開關」打開的時間了。讓資訊糊里糊塗地掠過，或是漫不經心。像是確定要接到派駐歐洲的調任命令之後，才慌慌張張地開始蒐集與歐洲相關的報導。生了小孩，才開始注意與養兒育女、親子教育相關的商品或書籍。

我們在一般日常生活中所接觸到的資訊量非常龐大。但是，幾乎大部分的資訊都不會留下深刻的記憶。

與成長相關的學習種子，會接二連三地飛向經常尋找「新發現」而拉起學習天線的人。即便花同樣的時間在「工作」上，若是把受人交辦的工作當成純粹的「例行工作」，漠然而被動地完成，自然不會留下任何印象與痕跡。

乍看之下是單純的工作中，也隱含著成長的契機

在這裡，為各位讀者介紹約十五年前，當木山還是初出茅廬的顧問時，某一項專案工作經驗。

當時，BCG內部的專案團隊會議（project team meeting），經常會以將完成的資料投影到OHP上，再將討論的內容寫在投影片上的方式來進行會議（OHP是overhead projector的簡稱，將文字或圖片轉印到透明的投影用的透明膠片上，再以專用機器將投影片的內容放映在螢幕上的投影設備；現在有些學校等機構或許還有這種機器。）

會議結束之後，影印並分發寫有會議討論內容的投影片，是經驗尚淺的菜鳥顧問的工作，這是公司內的潛規則。

木山第一次所參加的會議，討論的主題是競合分析與顧客訪談的內容，會議在熱烈的氣氛中結束。

老實說，木山本人並沒有完全跟上會議討論的發展與速度。不過，最低限度要將自己的工作確實完成，會議結束後立刻急急忙忙地影印投影片並分送與會者。結果，馬上就接到了主管的電話。

「你有考慮過投影片的順序再影印嗎？」

然後，主管繼續說道。

「如果這是你考慮過再影印的結果，你對於討論內容的理解太差了。我會說明為什麼這樣做是不行的，立刻到我的辦公室來。萬一你完全沒有思考投影片的順序，只是單純動手影印，那就是更大的問題了。**在BCG，沒有『只動手卻不動腦』的工作。**」

實際上，木山將「影印投影片並分送影本」當成「單純的動作」，完全沒有進一步思考應該將影印投影片和分送影本，和會議討論內容的順序發展，以及從中延伸出來的洞察聯想在一起。也就是說，不能只是影印投影片和分送影本而已。

如果，在此時學習開關是「打開」的，就不會以蒐集到投影片的順序照單全收地影印，而應該考慮會議參加者各自在投影片上記錄的內容，重新整理投影片的排列順序。

藉由整理會議的投影片，再一次回顧討論的內容、確認自己不理解的地方，有必要的話請教主管等，應該就能刺激學習。

即使是在Excel檔案中鍵入資料、蒐尋資訊、迎接與接待某人等，乍見之下很單純的工作，或者是看起來與自己的工作沒有關聯的任務，如果打開學習的開關、多下一點工夫，就能夠得到更多學習的機會。

將副本郵件視為「這是我的事」

更進一步來說，學習的開關經常保持打開狀態的人，能夠將他人的經驗也轉化為自己的經驗。

舉例來說，每天都會收到為數眾多的副本電子郵件。如果「因為自己不是收件人」，而將這些郵件當成別人的事，那麼這些副本電子郵件不過只是單純的參考資訊。

但是，如果抱持當事者意識，也就是當成「這是我的事」，這就是與成長連結的學習種子。「這封電子郵件提到『想像顧客的反應，再推敲下一步該怎麼做』，在自己所負責的工作上也是必要的。」「A的報告內容有點難以理解啊。如果我是A的話，會怎麼整理這些資料（相反地，如果自己是A的主管，會怎麼回覆A的電子郵件）」等。

實際上，在電子郵件傳遞往來中收到副本的年輕同事，曾對我提出「今天早上寫給客戶的電子郵件，好像故意不明確提出下一個步驟，請問這是為什麼？」的問題。

明明與自己沒有切身關係，但對於在周遭發生的事情也抱持疑問、提出問題的人，能夠積極主動地吸收資訊和知識，並且迅速成長。

打開「學習開關原則」也適用在如會議中其它團隊成員與主管的對話、在顧客會議中主管或是合夥人的應對，以及在往返客戶和公司途中的對話上。

BCG的客戶中，也有在理解到自己本身的工作與BCG的差異之後，找出BCG與所屬公司的共通點或可以應用的地方，打算從BCG這裡「偷學訣竅」的年輕人。這些人會積極地提出問題如「為什麼這麼做？」「為什麼給我們這樣的建議？」「為什麼問我們這些問題？」等。

這樣的顧客，會在用自己的方式「偷學」BCG的訣竅。同樣地，我們也從客戶的所行所想學習到非常多的事情。

經常打開學習的天線，能夠連他人的經驗都轉化為自己的所學所知。

尋找青鳥之前，先看腳下

先前所介紹過「自己想做的事情不是這個」「還不知道自己想要做什麼」等持續找尋「青鳥」，卻未注意自己腳下的人，很容易收起吸收資訊天線，老是無法「打開學習開關」。

因為「自己想做的事情不是這個」「還不知道自己想要做什麼」，對眼前的事物不會全力以赴，也不會認真以對。

但是，即便不是自己想做的事，還是應該拉起吸收資訊天線、增加學習開關打開的時間，以旺盛的求知欲向周圍吸收學習。所吸收學習到的知識和經驗，日後遇到「想做的事情」時，應該能夠派上用場才是。

從工作以外的領域學習：一流的廚師，所有的烹調步驟都有原因

工作中如果意識到要增加學習開關打開的時間、拉起吸收資訊天線，就會漸漸建立起這種習慣，而慢慢擴散到工作以外的時間。不管是通勤途中或休閒餘暇時、看電視時，吸收資訊的天線都可以接收到學習的契機。

例如，可以從報紙文章或雜誌的標題等資訊來學習。

當閱讀「有某某狀況，而造成了某某結果」等解說型文章時，想一想「真的嗎？」養成用自己的方式在腦袋中重組相關線索邏輯的習慣；若能如此，就能夠訓練對於事物的邏輯思考能力。

此外，當報導或文章中只寫出結果時，持續延伸思考像是「為什麼會演變成這種狀況？」以及導致這種結果可能的原因等問題，這是練習建立假說的絕佳訓練。若能做到這個地步，即使只是在擁擠的通勤電車中看車廂內廣告，都能夠有所學習。

此外，買衣服時可以從店員的言行，學習如何與人互動。在超級市場購物時，也可以透過觀察商品的陳列方式，轉化為刺激銷售所需的訣竅與故事（體驗行銷）。重點在

於平常持續腦袋的運轉（一直打開學習開關），就能夠無限地大幅增加學習時間。

例如，木村總是把握在餐廳吧檯的用餐機會，一邊觀察廚師的工作，一邊問問題（結果與他們成了好朋友）。

藉此所學到的是，頂尖的專業人士，經常會思考自己所作所為的意義之後才採取行動。要和平常在不一樣的地方下菜刀，不是因為「大概／總覺得是這樣」，而必定是有什麼原因。每一個步驟順序一定都有可以說明的根據，沒有任何糊里糊塗、不自覺的行為。

而且因為每一個步驟都是有意識地執行，因此關於顧客（木村）所提出的問題，廚師一定也會立刻明快地回答。這在自己工作的時候，也成為刺激如何思考每一步動作、實踐採取有意義的行動這件事的良好動機。

順帶一提，人在應該要休息的時候，好好休息，這一點也非常重要。變得能夠有意識地「關掉」學習開關（讓腦袋放空），也是能夠長期持續從事顧問業的祕訣。過於在意工作而感到不安的狀態若持續下去，中長期而言，績效也會不好。

到目前為止，為各位說明如何從「量」下手，增加學習開關打開的時間。接下來，將介紹如何從「質」下手，善用學習開關打開的時間以提升學習效率。

加速成長的鐵則②：提升眼界、素養和品味

接觸和體驗優質生活，是效果極高的學習法

繼續剛剛所提到的廚師的例子，從一流的廚師所聽來的說法，他們之中有許多人從學徒時代開始，就常常吃許多美食，不惜花費金錢與時間磨練味覺。不管吃什麼都覺得「好吃」，固然是一件幸福的事情，但若不知道什麼是真正美食的人，就無法做出美味佳餚。

想要「成長」（或一流廚師所用的字眼「精進」），接觸和體驗「優質生活」似乎是不可或缺的努力。

同樣地，若不持續接觸超過自己實力以上的「優質生活」或範本，要提升自己實力是很困難的。至少提升實力的速度或效率都會比較差。前述的「守、破、離」也是如此，首先要找到範本，尤其是**接觸大量的好範本，讓好範本中的精華，內化成為自己的**

一部分，無論東西方都相同的學習基本動作，是極具效果與效率的學習手段。

像是顧問為了要學習整理出「好的」提案資料、能夠將資訊傳達給受眾對象，總之，先多看「好的」資料是必須的。

一開始，也許不知道該怎麼做才能做出「好的」資料，但在「確實地」觀摩好資料的過程中，就會發現它們的共通之處。「這一點我好像也可以模仿」的好資料究竟具備哪些重點，漸漸地就會浮現出來。

以業務工作而言，跟著「能幹的前輩或上司」，學習他們談業務的過程也許是最接近的例子。此外，若工作與企畫相關，那麼以「好企畫書」為範本也屬於這種學習法。根據想要學習的領域不同，書籍內容或上司、前輩的經驗談，也可能是最有效的範本。

「如果是我會怎麼做」：易地而處的思考邏輯

雖然提到「確實地」觀摩許多好範本很重要。但在如何觀摩這件事情上也有訣竅。那就是「如果是我」（在同樣的狀況下我會怎麼做）。以棒球比賽為例，不是從「觀眾席觀戰」，而是從「**下一位打者**」的角度，關注比賽的發展。

從觀眾席大喊「哇，好厲害！」這種事不關己的心態，如同看待別人的事一般，並不算「確實觀摩」。站在下一個打者席，並且自問自答：「接下來就輪到我出場了。如果是我，應該怎麼做？」想像自己採取的行動觀摩學習，才能達到學習效果。

剛開始的時候也許做不到。即便如此，不是從觀眾席的「觀眾」角度，凡事「光說不練」，而是模擬「如果我下場一起比賽，我會怎麼做」，藉由沙盤推演觀察許多的好比賽。

如此一來，漸漸地就會知道「哪些地方該注意、該如何注意」。將來自己所希望達到的理想形象，能夠更為具體。一旦自己成為打者，站上打擊區時，當然剛開始可能完全不順手，不過，透過試錯過程累積經驗，是很有效的學習。

將「優質生活」與「範本」當成自己的事，抱持這種意識觀摩的話，就可以直接從這些事物學習，同時也會知道「什麼是優質生活」，以及「自己與範本之間的落差是什麼」。

如此一來，關於應該引以為目標的狀態、現在的自己哪裡不足等問題，對於目標和現況之間的落差會有更明確具體的認識，如同第二章所述，針對正確的目標設定與自我認知，也會有所助益。

加速成長的鐵則③：分解自己的行動和思考

將行動進行因數分解

在職場上，很少能夠將過去的經驗原封不動地直接複製，這種說法，應該大多數的人都能夠贊同吧。

但是，從透過累積實務經驗而成長的觀點而言，我們發現，意識到這件理所當然的事情，並且能夠與學習相連結的人，出乎意料地竟然非常少（這是我們的印象）。所謂的快速成長，也可說是將一次的經驗，應用到多麼廣泛的範圍來判斷。

例如，編輯公司內部刊物時，只能把這件事「解讀」為「編輯公司內部刊物」的經驗就結束的人，除非還有機會編輯公司內部刊物，否則無法再利用這一次的經驗。

但是，具備應用能力的人，可以把一次經驗活用成五次、十次。像是經歷過一次「編輯公司內部刊物」的體驗後，也能夠將這個經驗，應用到乍見之下與公司內部刊物毫無關係的其它工作。為了做到這一點，觀察這些人做了什麼努力，發現這些人會進行**「回顧→因數分解→整理→應用」**的流程。

首先，是「回顧」。完成工作之後不是感到安心，而是詳細回顧「為什麼要在這個時間點和時機做這件事？」「這件事為什麼要以這個順序進行？」「自己完成工作之後，別人接著做了哪些事情？」等細節。而且，視需要提出問題，將有疑問的地方一一釐清。

接下來，則進入將自己實際所負責的工作進行「因數分解」的步驟。試著因數分解「編輯公司內部刊物」，其實包含了與公司內部其它部門的協調溝通、與外部業者的發包作業、管理流程等繁雜多樣的內容。

此外，不僅是單純的作業順序，也能夠學習到與工作進行方式相關的思考方法、業界或業種特有的文化或規則，能夠討人喜歡讓工作進行更順利的訣竅等（圖3-3）。

接著，是「整理」因數分解所得出的結果，理解到不限於「編輯公司內部刊物」，整理得出的結果可以運用在廣泛範圍的作業上。每一項不同的作業流程，若能夠學習到其各自應該注意的事項、為了順利進行工作的訣竅，在下一個「應用」的步驟，應該就會理解到，能夠活用在其它工作上的事情非常多。

具有應用能力的人所學到的，並不是「編輯公司內部刊物」的經驗，而是應用「因數分解後整理所得的結果」，因此可以將一次的經驗當成五次、十次運用。需要留意的地方是，不能停留在「回顧」，而是要進入「因數分解→整理」的步驟。

若是停留在回顧的階段，沒有進行因數分解之後步驟的人，只能學到抽象的事物，無法培養出應用能力。

像是企畫並舉辦「強化行銷力工作坊」。活動結束之後學到的是「確

圖3-3　因數分解的概念：動手也動腦，才能從做中學

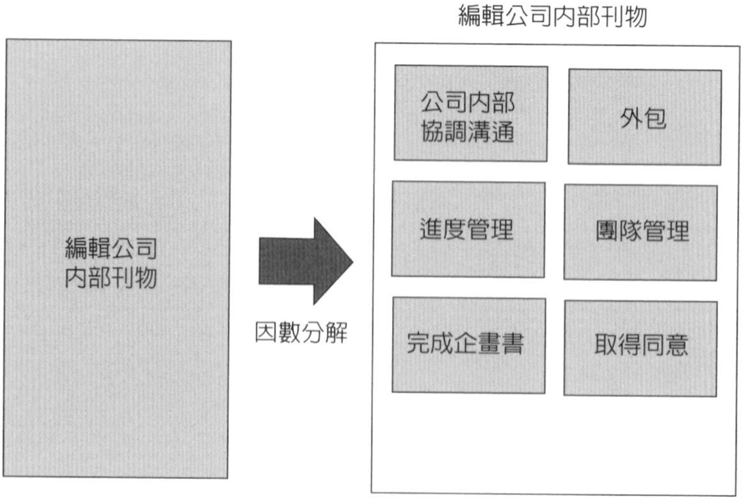

認了什麼事情，都是事前準備最重要這一點」，因為太過抽象而空泛，無法化為日後自己可以活用的通則（對於改善下一次自己的工作方式有所助益）。

這個原則不僅適用於回顧於自己的經驗，也可能是他人的建議；也可以不僅是「為了特定場面所得的建議」，只要透過進行因數分解並且萃取其中的精華，就能當成可以運用在其它類似場面的建議，找出可能應用的通則。

如此一來，從一個建議可以延伸出五種、十種不同的學習。單一的經驗，若能理解其本質並加以因數分解和整理，也會大幅增加能夠應對和運用的模式。

對行動展開「反向工程」

「反向工程」（reverse engineering）一般而言，是在程式設計（programming）或開發製品時經常使用的手法。將完成的機械（製品），按照順序加以分解，掌握該製品的特徵，並找出缺陷或故障的原因。若是運用在程式設計上，則是針對完成的程式進行逆向分析。

而關於自己本身的行動，這種「反向工程」的思考方式也很有幫助。在思考或形成決策時，與程式設計或開發製品不同，要分解與逆推的對象是眼睛所看不見的。但是，雖然乍看之下沒有清楚的原因，所有的行動其實都有某種脈絡與根據。結論並非突然從天而降。

從起心動念到採取行動為止，逆推分析自己的思考歷程，針對「為什麼會採取這樣的行動？又是為什麼不採取那樣的行動？」等問題，找出明確的答案，這就是針對自己的行動採取反向工程。

接著，我們用一個淺顯易懂的例子說明什麼是「對行動展開反向工程」。像是今天中午吃咖哩飯，這種看起來好像是「沒來由」的事情，試著藉由反向工程的分析之後，應該可以找到某些原因。

首先是找出起心動念；也許是在拜訪客戶的途中經過咖哩店，聞到咖哩的香味刺激食欲。也可能是早上看的電視節目中，有誰在吃咖哩的畫面在腦海中留下了印象。

也可能是現實因素刺激自己，像是「午餐時間只有三十分鐘」「在距離公司只要走路五分鐘，就有一家餐廳賣好吃的咖哩飯」「如果點咖哩飯不需要等太久」「從點餐到吃完大概只要十五分鐘」等因素，對「午餐吃咖哩飯」這個行動產生影響。

實際上，探究「午餐吃咖哩飯」這個行動的起心動念沒有任何意義，只是以此為例，向各位讀者介紹不論是任何行動，都能以反向工程逆推自己的思考和行動。

深入探究「為何我會做出錯誤的選擇」

那麼，現在就來介紹實際上與學習有所連結的反向工程吧。這個手法是在發生失敗的時候特別有效的手段方法。比起「為何成功？」其實「為何失敗？」才應該利用反向工程，找出下一次可以成功的方法。

單是追究「為什麼失敗？」無法知道真正失敗的理由。要讓失敗的真正原因浮上檯面，應該要問自己的問題並非「為什麼沒有做〇〇（為什麼沒有選擇正確的選項A）？」，而是「**為什麼做了△△（為什麼選擇了錯誤的選項B）？**」

如果只是稍微想想，恐怕無法找出「為什麼做△△（為什麼選擇了錯誤的選項B）？」

這個問題的答案吧。必須要有意識地面對，自己為何會決定做出這種選擇的原因。

自己所負責工作的進度比預定期程落後，因而受到主管嚴厲的斥責。此時經常會出現的反省是像是「今後會努力按照計畫進度來執行工作」「下一次會擬定務實可執行的計畫」「這一次應該在更早的時間點就報告也許會有延遲的狀況」等。

但是，在現實之中，至今無法做到的事情，只靠列出或說出空洞的「標語口號」，無法立即付諸實行。

正因如此，回溯自己的思考歷程、向自己提問的逆向工程，是不可或缺的過程。像是「我原本的估計是什麼？我花了比預計更多時間的是哪一個部分？可以看出有延遲跡象的時間點，是什麼思考結果讓我選擇拖延向上呈報計畫可能會延遲的時機？」等，試著自問這些問題（**圖3-4**）。

說不定，至今也許關於工作的執行程序什麼都沒考慮，也沒發生任何問題。也許在之前的專案中，雖然中途的進度落後，但最後有驚無險地趕上，終究平安無事結束專案的經驗。

像這樣，難以忘懷過去的「沒關係或沒問題」，並將其視為某種成功體驗的案例非

圖3-4　反向工程的概念：回顧自己做錯事的過程

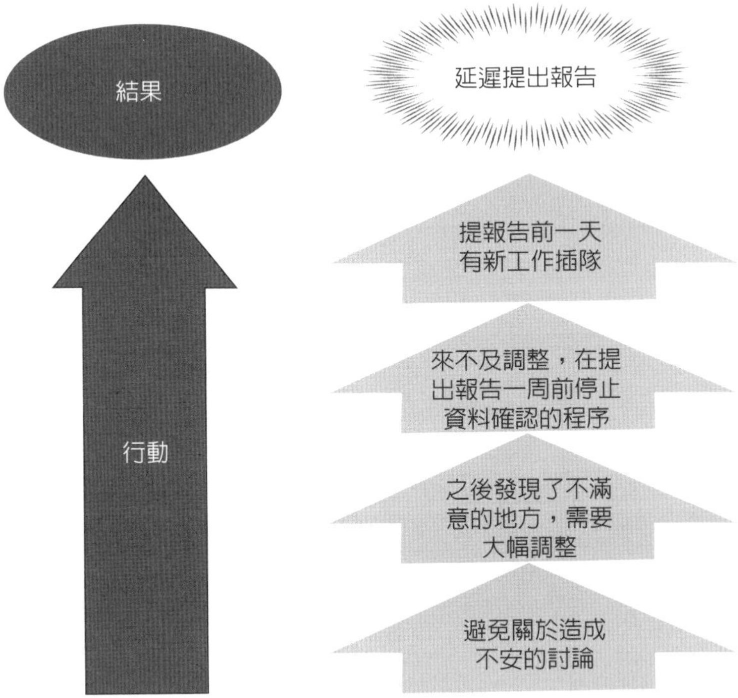

常多。此外，也許受到「報喜不報憂」的思考慣性影響，延後向他人傳達實情的時機；也許是原本對於「進度管理」的執行方式不夠理解。

面對失敗經驗、深入找出原因，絕對不是令人樂在其中的作業。但是，此時如果怠惰了深入回顧的程序，不僅找不出真正的原因，也無法成為能在下一次工作中活用的學習。從結果回推原因並且分解思考歷程，才能夠理解自己必須要學習和改變的事物究竟是什麼。

當然，在進展順利的狀況下，反向工程的思考也是有效的。

即便採取了某些行動且進展順利，光靠這樣，也無法擔保這些成功行動能夠複製重現。如果不知道「為什麼進展順利」，那麼成功經驗也僅是「碰巧剛好而已」，一次的成功經驗只會停留在當下，無法在日後重複活用。

因此，進行反向工程思考，事先確實理解到「成功的原因究竟是什麼」，這一次做到的事情在之後也能夠重複再現，甚至能夠進一步發展為一門得意技術。若能做到這一點，一次的成功經驗，日後可以發揮五倍、十倍的活用功效。

切忌用不明就裡的「經驗法則」導出結論

稍微岔開話題，在一般要判斷商業決策的討論中，反向工程的想法也非常有幫助。像是針對某家企業的印度市場應該如何開發，正在進行研討商議的時候，打算提出這樣的意見：「在德里地區運用代理商的策略獲得成功。要不要也在孟買地區也採用代理商策略？」

但是，在做出這種發言之前，必須以客觀的角度思考。如果只是因為在德里地區進展順利，就認定可以沿用到其它地區，這是靠著不明就裡的經驗法則所導出的結論吧。如果無法說明結論背後的原因與根據，那不過只是直覺罷了。

但是，針對代理商策略在德里地區成功的機制進行反向工程，市場環境或代理商所發揮的功能的整理分析結果，倘若發現與孟買地區的狀況具有共通點，導出上述結論，也才有進一步檢討是否要採取這個措施的價值。

另一方面，若是無法清楚說明原因或根據，就必須先了解相關策略之所以成功背後的機制。

加速成長的鐵則④：著手實踐，讓改變發生

持續快速且大量學習的PDCA循環

在商業經營的脈絡中，沒有比身體力行更好的成長機會。人的成長幅度，會與累積了多少身體力行的實踐經驗成正比。重複累積身體力行的經驗，可能也等於累積失敗的次數。

但是，即便失敗也不停下腳步、持續挑戰的人，能夠從這些經驗中得到許多學習，成為能夠成長的人。重複累積身體力行的實踐經驗，從兩個層面來說，對於成長而言是不可或缺的關鍵。

第一，**是因為只有親自實踐，才能透過身體力行學到經驗。**

應該有很多事情如同棒球比賽那般，倘若沒有親自下場站在打擊區、不在真正比賽的氛圍中實際揮棒，就無法得知結果的吧。與敵方投手之間的對戰拉鋸，或是緊張的時

候運用身體的方法等，正因為是在比賽的緊張感之中站上打席，從中得來的學習也非常多。提升自我眼界所學習的「範本」，或是分解自己行動所得到的發現，在其後實踐、經過許多試錯的過程，才會真正開始內化成為自己的一部分。

商業的世界很複雜、變化非常劇烈，也沒有正確答案。嘗試各種不一樣的做法，最終結果進展順利的措施就是當下的正確答案，這條道路並不存在著捷徑。只能從重複累積身體力行的實踐，從試錯的過程中找出正確答案。

第二，是**藉由持續著手實踐，身體力行這件事情也會成為學習的機會**。

如果經由許多實踐的體驗，能夠大量重複PDCA循環（規畫、執行、查核、行動），也增加了能夠有新發現的機會。

再加上若能提升PDCA循環運轉的速度，讓所學能夠立即實際活用的時間。

提到「著手實踐」，也許會給人強調意志力的印象，但這絕對不是單純的意志力（而是包含意志力與韌性在內）。藉由將身體力行，以及與為數眾多且快速運轉的PDCA循環相互結合，能夠達成迅速、確實的成長目標。

為了將透過好的範本、因數分解與反向工程所學習到的重點，落實內化成為自己的一部分，這種身體力行與實踐的步驟是必要過程。不管是多麼微小的機會，只要確實掌握當成自我實踐的場合，光是這樣讓學習與成長有所連結的機會就會增加。重複這個過程，就是加速成長的契機。

毅然決然，自我破壞

在檢視範本或是因數分解結果之際，有時會發現自己過去至今的做法必須大幅改變的狀況。若是這種時候，沒有看出「必須改變」這個重點，「提升自我眼界、素養和品味」「因數分解」「反向工程」的效果也會銳減。

事實上，人對於要改變自己的某些地方會有所抗拒。但是，就算是好不容易學習到的知識和經驗，如果不改變自己的做法，成長的速度就會受到限制，無法超越自己的做法所設下的範圍。若持續同樣的做法，也許還是能持續成長，但到了某個極限點成長的速度也必然會減緩。

以前述的例子來說，當注意到自己時常「報喜不報憂、拖延報告壞消息的時機」的當下，就是站在是否要「破壞這樣的自己」的岔路上。雖然不改變這樣的自己，工作也不會有任何延宕，而且還有其它需要改善的地方，只要針對這些地方採取對策，絕對不會完全零成長。多數的人都會採取這種做法，因為抗拒自我改變，因此盡量在不改變自己的狀況下，來改變產出的結果。

但是，在這種狀況下所得到的成長是有極限的。除了因數分解或反向工程的分析結果，將其它從上司或前輩、客戶之處所得到的指正視為「聞過則喜」的突破點，能夠「破壞」自己至今為止做法的人，大破大立之後，藉此達到突飛猛進的成長。

而且，為了要在「破壞」之後學習新的做事方法，除了持續身體力行的實踐，快速且大量地重複ＰＤＣＡ循環之外別無他法。

成為善於「接受培育、得到重用」的人

至前一節為止，我們提到成長速度非常重要，因此，以「質」乘以「量」為基礎，這種雙管齊下的方式是有效的刺激成長手段。本章的最後，則要反過來介紹無法加速成長的類型。

無法加速成長類型①：不善於接受培育

為了加速成長，主動的思考方式與行動是必要條件。等著「別人給自己成長的機會」的心態是行不通的，在自己所處的環境之中，必須要貪心急切地尋找成長的種子。

對於自我成長抱持著熱情，如同前述具備正確的心態、能夠正確設定目標或自我認知的人，又能夠實踐本章所述的措施法則加速成長的話，周圍的上司或前輩們（師父、

教練）自然會湧現「想要幫助這位部屬（徒弟）成長」（想要培育這個人）的心情。而這種外界的氣氛又會進一步加速成長，形成正向循環。

不過，一旦周圍形成了企圖培育的氛圍，身為徒弟卻「不善於接受培育」，也會讓好不容易產生的正向循環因而中斷。其中一個典型就是「被動消極」的類型。這是指抱持「希望讓我成長」「希望給我某些資源」想法的人。

若抱持著這樣被動的思考方式，與「積極爭取」的行為模式相較，除了在察覺到成長機會這件事情上會產生落差之外，周圍的人也比較容易給予積極進取的人機會。最為極端的狀況，是認為「沒有人栽培我」「什麼機會都不給我」，等同於第二章所述陷入「原因他人論」（怪罪別人）陷阱的案例。如此一來，成長當然就會停滯。

在BCG也偶爾會有抱怨「現在的主管（團隊、公司）對於培育人才沒有熱情」「沒有人花時間來培育我」等不滿的人。實際上，抱怨者口中的該位主管（團隊、公司）卻很熱心地培育別人。

再次重申，公司組織不是學校。公司是以員工對於工作貢獻度的對價關係來支付薪水。花費在人才培育上的費用與時間，也都是期待能對將來的工作有所貢獻而進行的投資。

如果因為公司對自己的成長和培育不夠積極而心生不滿，等同於宣告「公司判斷自己的成長潛力也不過如此」。

恐怕對於抱怨「沒有栽培我」的人，主管或前輩也不會完全棄之不顧。關心當事人的工作進度，也會給予讓工作進展順利所需的建議。

但是，當事人自我成長的意識開關如果沒有「打開」，或沒有「確實地」觀摩，因而沒有注意到這些關心與建議，這也是屢見不鮮的狀況。若是如此，由培育人才這一方的角度看來，是「投資報酬率」極低的結果，無法成為良性循環的成長迴路。

在先前的章節也提過，成長是一個需要非常主動的過程。**「想要成長」「希望讓我成長」的念頭成形的瞬間，那個人的成長就會轉趨遲緩，最糟的狀況甚至會停止成長。**

無法加速成長類型②：不善於得到重用

為了加速成長，受到重用的「徒弟」往往身肩重要工作，自己一邊跌跌撞撞一邊摸索學習，是非常寶貴的機會。若是沒有受到重用，就得不到主管託付任務、從做中學的珍貴機會。儘管如此，職場上也存在著無法讓人放心交辦重要工作的人。這種人就是無法加速成長的另一種典型類型，也就是「不善於得到重用」。

屬於這個模式的人，當主管交辦工作給他們時，就深陷其中，最後卻交不出成果，或是造成周圍人們的困擾。這是因為很多時候，這種人將「主管交辦工作給我」誤解為「所有的工作都必須由自己來完成」。認定「必須要由自己完成所有工作」的結果，反而顯得綁手綁腳。

這種現象不僅發生在工作能力不佳的人身上，也出現在一般公認「優秀員工」的身上。經常可以看到這種情形：這種優秀員工準時完成交辦工作，一直讓人很放心。不過，如果委託他們「難度較高」的工作（希望藉此提升實力），一整天（或超過一天）煩惱憂慮、深陷其中不知如何是好（愈是工作能力強、曾經拿出好成果的人，這種情形愈嚴重）。

「好不容易主管肯定自己的工作能力，因此受到重用，給我高難度的工作。無論如何，我一定要靠自己完成工作」這種氣魄絕對不是壞事。

但是，深陷在工作中的一整天，沒有任何產出，反而是毫無成果地白費時間。若是如此，上司也會感到不安，之後採取微觀管理（micro management，主管密切操控部屬完成交辦工作）；結果獲得主管交辦工作的人，就很難有「做中學、學中錯、錯中覺」的機會了。

另一方面，受人委託這種高難度工作時，也有一種類型是完全沒有主動思考，從一開始就問主管：「該怎麼做才好？」直接要答案的人。

這種類型也令人困擾，完全沒有「動腦後再動手做」，只是接受領導者的指示進行作業，無法擺脫跟隨者或是執行者的心理狀態。這種人和前者（深陷工作中苦思的人）相較起來，確實抄了捷徑（能夠產出成果），但當事人卻完全無法有所成長。

接到高難度工作的人，要與上司溝通

那麼，成長快速的人，像這樣接到高難度的工作時，會怎麼做呢？

即便自己還不了解工作的全貌，首先，花個三十分鐘或一小時，針對該採取怎麼樣的方法（approach，步驟順序），先試著自己思考組織一下。即使不安或有不清楚的地方，也不會抱著工作陷入苦思。試著將自己所設想的方案，拿去跟上司討論。「這是到現在為止我的想法，您覺得如何？」「這是至今為止所思考的方案，但不知道接下來該怎麼做？」等。

如此一來，從上司的角度而言，會認為「這個人如果碰到卡關的地方會找我商量，把工作交給他令人安心」，反而增加接到任務者的自主範圍（上司覺得安心，就不會多加干涉），如此一來，得到實際經驗的機會也增加了。這種人可稱為「善於得到重用」吧。

主管不只是「分配工作的人」或「評斷工作表現的人」，主管也是確認自己的思考發想、碰壁撞牆時尋求建議的對象。

從這一層意義上來說，所謂主管，是為了提升團隊績效而存在。**主管也是身為部屬的工作者為了自身的成長，應該善加「利用」的對象**。工作絕對沒有自己一個人做的必要，如果能夠將工作理解為「如何發揮團隊的最大價值」，那要採取前述這些行動應該就不會太困難了。

如同至今為止的章節內容所說明的，「不善於得到重用」，是來自於「自己可以設法搞定」的強硬態度，在初期階段不清楚或不知道的地方就卡住動彈不得，無法積極主動的結果，產生許多抱著問題坐困愁城的人。

例如，與客戶的例行會議之前，得到了「先把會議所需資料完成」的指令。這個類型的人此時不知道該準備什麼樣的資料，而陷入苦思。

而第二天當被問到「資料準備得如何？」時，回答「還在思考中」。再進一步被問到「告訴我思考的方向與程度」，則回答「打算準備這個和那個」。但是，若被問到「為什麼要準備那個？」則吞吞吐吐、答案漏洞百出，無法明確地說清楚原因。

另一方面，積極面對自己究竟哪裡不清楚的人，在最初接到指令的階段，就會先提出諸如「上一次的會議討論了哪些內容？」「下一次的會議的目的為何？」「誰是與會者？」等問題。

在接受指令的同時，當場已經在思考「那麼，在準備資料之際，那些資訊是必要的？」再開始補充蒐集不足的資訊。而且必定會在開始準備資料之前，先向上司說明打算準備哪些資料，以及準備各項資料的理由，並加以確認。經過修正和調整之後，才會進入實際準備資料的工作。

在蒐集情報的過程中主動思考，並在中間加入確認的步驟，因此不大可能會有不符需求的資料。同樣是下達指示，但是，是否善於得到重用的人，完成資料的速度與品質，會產生極大的差異，執行工作者的經驗值也會大不相同。

這種行為模式也會影響上司，不善於得到重用的人，他們的上司傾向採取凡事介入的微觀管理；相反地，善於得到重用的人，他們的上司則會「放心交辦工作」。

聽起來，也許稍微有點像把本節的標題倒過來說，但為了要成為「讓人安心交辦工作」（善於得到重用）的人，積極與上司溝通是必要的過程。

如果我是「育才者」（師父）會怎麼做

雖然我們觸及到「不善於接受培育」「不善於得到重用」等議題，但希望身為「接受培育者」（徒弟）的讀者，在此暫停一下。想一想，如果大家是站在「培育人才者」（師父）的立場，或是交辦工作與任務給他人的立場，會希望培育什麼樣的人？會希望將工作與任務交給什麼樣的人呢？

一種人會積極主動爭取工作或機會的人，另一種人只會被動地等待別人給自己機會（也就是「不善於接受培育」的人），請問，哪一種人會讓你在忙碌之餘，想花費寶貴的時間培育他、給他學習的機會呢？

此外，「不善於得到重用」的人，總是抱著自己的工作埋頭苦思（導致沒有進度、看起來搞砸的風險很高），身為師父（主管、培育人才者），會想要將難度高（對於團隊或公司非常重要）的工作交給這個人嗎？

「不善於接受培育和得到重用」的人，得到實際操作的機會將減少，結果導致成長機會也隨之減少的惡性循環，這一點，大家應該能夠理解吧。

現在的你，也許並沒有「育才者」（師父）的意識。不過，在擔任主管之前，身為教導後進的前輩或身為率領兩、三人的小組領導者等，也會有發揮「育才者」角色的機會。

趁早抱持「**如果我是帶人的師父，會有什麼感受和想法？**」的意識工作，不僅是為了成為育才者的準備，應該也會讓自己成為「善於接受培育和得到重用」的人，能夠加速自我的成長（**圖3-5**）。

圖3-5　善於接受培育和受到重用的效果

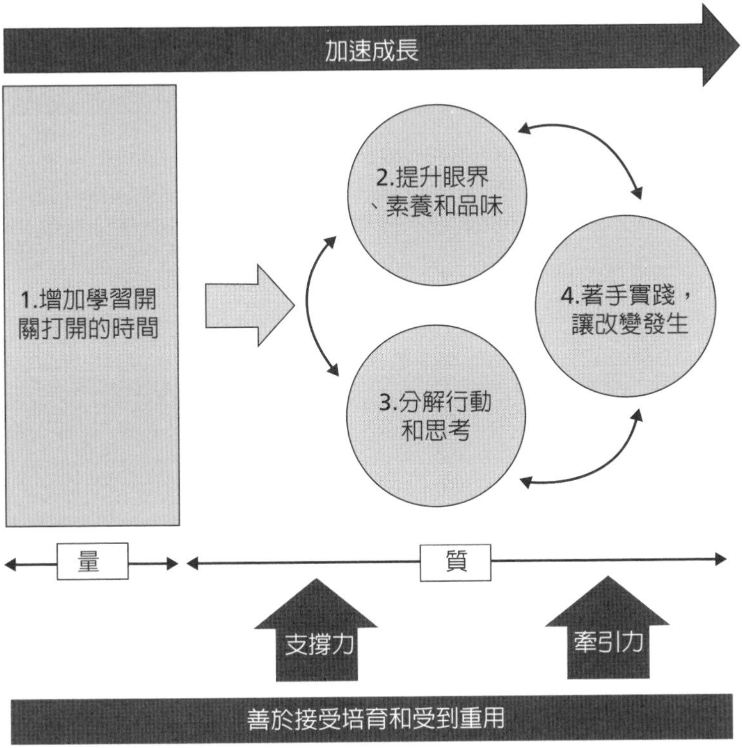

第三章總整理

- 只要持續努力就能成長，關鍵在於以如何的速度成長。
- 每天只有二十四小時，這一點人人平等。如何增加拉起吸收資訊的天線、延長學習開關「打開的時間」，是成長與否的第一步。
- 在保留下來的「打開學習開關的時間」中，「提升自我眼界、素養和品味」「分解自己的行動和思考」「著手實踐，讓改變發生」，即使在相同的時間內，也可能加速人才培育的速度。
- 為了成為「善於接受培育和得到重用」的人，抱持「如果我是育才者（師父）會怎麼做」的意識，是非常有效的方法。

第四章

藉由PDCA循環，讓徒弟主動成長

第三章針對接受培育者（徒弟）的方法論加以說明，第四章聚焦在育才者（師父）身上，思考該怎麼做，才能夠順利培育人才。

一開始，從無法順利培育人才的師父身上經常看到的思考盲點談起，重新思考關於人才培育應有的心態，再具體說明由作者的經驗萃取得出成為善於培育人才者的有效做法。

接下來，日常工作中，該如何進行人才培育的過程步驟的案例分享，將由育才者個人的行為、以及組織角度的人才培育機制兩個面向，來介紹ＢＣＧ所採取的部分做法。

不善於培育人才的思考模式

至今為止的章節，重複說明接受培育者應有的心態與立場，以及事物的思考方式，相信各位讀者已經了解其重要性。那麼，育才者這一方也有應該具備的思考方式嗎？根據我們的經驗，答案是肯定的。在具體詳述這些思考方式與態度之前，首先將介紹無法順利培育人才者共通的思考方式，藉此發現哪裡出了問題，並思考該怎麼改變才能解決問題。

部屬原因論：「扶不起的阿斗」是誰的錯？

BCG經常會參與顧客企業的中、高階領導者的培育人才工作。在討論如何組成團隊時，一開始，一定是互吐苦水。

「最近的部屬抗壓能力有夠差」「就算想交辦任務，但因為知道他們搞不定而無法交辦」「不管給多少指令，還是事與願違」「原本就太過依賴別人下指令」「雖然不想這麼做，但沒辦法只好自己來了」。

因為自己的部屬有多麼不可靠、搞不定工作這種話題，讓討論的氣氛變得熱烈（然後，接下來，就以「雖然說這些也無法改變現狀啦。自己不採取行動的話……」的口吻展開討論）。

但是，人若經過「好好地培育」，必然會有某種程度的成長（我們是這麼相信的）。反過來說，培育方式差勁的話，原本能夠成長的人反而停滯不前。抱怨自己的部屬搞不定工作的主管，說得嚴重一點，這種主管**只是暴露自己「培育人才的方式」很笨拙罷了**。

接下來，分享一個實際的例子。這是發生在參加總公司設於歐洲的全球企業，培育全球儲備幹部專案時的事情。

剛開始的兩個星期，進行與高階主管以及約五十人的儲備幹部的訪談。由於是以培育儲備幹部為主題的專案，自然而然地幾乎在所有的訪談之中，都出現了「沒有好好地培育人才」的內容。

但是，一位高階主管說：

「如果是我，我會把所有說『部屬栽培不起來』的主管全部炒魷魚。會說這種話的人，等於是宣告『自己沒做到分內事』而推卸責任。因為，培育部屬是主管的工作。」

首先，試著自問自答

在第二章討論自我認知的陷阱時，最初我們列舉「原因他人論」（推託卸責、怪罪別人），其實這也會發生在育才者的身上。當育才者將無法順利培育部屬的原因，歸咎於接受培育者缺乏幹勁或資質欠佳等理由的瞬間，身為領導者的成長也就停止了。

身為育才者的師父，在說對方（部屬、徒弟）「無法按照指令完成工作」之前，應該要自問「我是否下達了對方容易理解的指示？原本所給出的指示是否正確？」等問題。

在說對方「一個口令一口動作」之前，則應該要自問：「部屬過去在沒有指令的狀況下自行判斷的工作，是否遭到全盤否定？我是否沒有留給部屬足夠的判斷時間，卻不斷下指導棋？」等問題。

育才者（師父）和接受培育者（徒弟）雙方，若皆抱持「原因自我論」（以當責的態度為最終結果負起全責），把回顧反省的結果回歸到自己身上，這樣的團隊將是天下無敵的。團隊整體成長的速度，可以加速數倍，甚至數十倍。

陷入「培育人才」與「績效」需要折衷的思考窠臼

主管最常提出有關人才培育的煩惱，就是「眼前的工作太過緊急重要，沒有把精神花在人才培育上的餘裕」。以團隊的角度而言，該如何兼顧「績效」與「人才培育」是問題所在。

不過，聽起來也許是場面話，不過，「人才培育」與「績效」真的是相互對立的嗎？就我們的經驗而言，並非必然如此，想要兼顧兩者是絕對有可能的。

若是能夠將部屬的潛力做最大限度地發揮，應該會有與提升團隊績效表現相近的效果。對於「人才培育」而言是最為重要的一件事，是盡可能激發對方的潛能。換句話說，所謂無法順利「培育人才」的狀態，應該也等於無法得到工作上最大成果（最佳績效）的狀態。

即便如此，為什麼還是會認為在「培育人才」與「績效」兩者之間需要折衷妥協呢？

那是無法順利「培育人才」，因而在「培育」上花時間也無法與績效表現有所連動；如此一來，才會陷入自己動手做比較快這種「惡性循環」。但是，若是淪為這種狀態，既不能發揮團隊的整體實力，所得到的「績效」（成果）很可能也不是最好的。

善於培育人才的師父，也善於提問

那麼，該怎麼做才能既拿出「成果」，又能夠確實、而且盡可能在短期之內，讓部屬有所成長呢（**圖4-1**）？

此外，即便主管沒有持續以「手把手」的方式協助部屬成長，該怎麼做，才能培育主動持續成長的人才呢？

接下來，要介紹的是從我們透過培育許多員工的過程，所彙整得出的心得。在日常工作中所實踐的做法中，提出不限於顧問業界，應

圖4-1　兼顧「人才培育」與「績效成果」

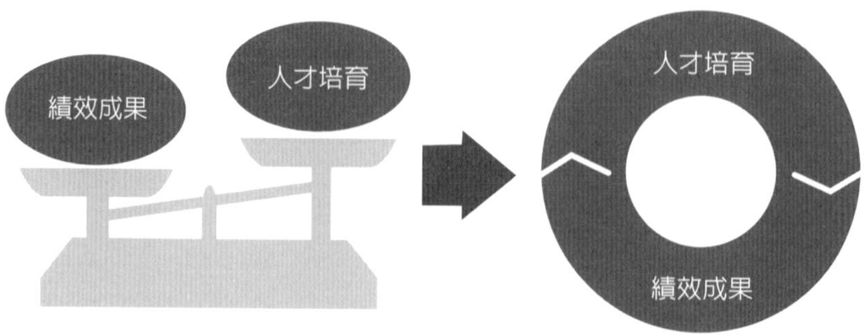

該能夠讓許多人當成參考的重點。

第四章的內容雖然著重在育才者（師父）這一方整理而成，但不只對於職場中資深主管培育部屬有幫助，我們相信對於想要培育自己（追求自我成長）的人而言，也是必要的思考方式與手法。

希望加速自我成長的人，配合第一至第三章的內容，也期待各位參考並實踐這一章的內容。

徹底提問

培育人才最初的步驟，在於「讓接受培育者（徒弟）具備正確目標設定與正確自我認知」。而讓接受培育者自覺到在目標設定與自我認知上自身課題的關鍵，就是主管（育才者、師父）是否向對方（徒弟）「徹底提問」。

無論主管認為自己給予接受培育者的目標多麼適切，自己所傳達給對方的現狀評價多麼正確，光是這樣對方是不會有所成長的。適切的目標或正確的自我評價當然非常重要，但是更重要的是，接受培育者在抵達終點（設定適當目標與正確自我評價）之前的過程。

面對自己、不逃避缺點進行自我分析，若不抱持著自己所認同的目標或自我認知，就無法由目標與自我認知出發，持之以恆累積實踐經驗（包含失敗經驗）。

如同第二章也曾提過的，人是一種受到不自覺的思考慣性牽著走而採取行動的生物。

然而，如果武斷地認定或否定這種行為模式，「你好像太過樂觀，以至於對於風險反應遲鈍，也沒有備案就衝動行事。」（有話直說也許心情比較暢快）如此一來，對方卻因此一蹶不振或心生反抗。導致停止思考，也不會自我分析，而養成被動聽從命令的習慣。

比較理想的做法是，**並非由師父鐵口直斷「你（徒弟）就是這個樣子」，而是將自己確實觀察到的客觀事實傳達給徒弟（接受培育者），一邊提問、一邊刺激徒弟思考，透過對話讓徒弟產生自覺，注意到自己的問題。**

「如果從由顧客的觀點來看，你覺得這樣如何？」「你怎麼想？」

身為師父，不妨善加利用這一類的提問，努力點出徒弟不自覺的思考慣性，並且加以「解讀說明」，徒弟也會漸漸地能夠面對自己，回顧過去並誠實地內省，而產生屬於自己的發現。

想要成為帶人又帶心的師父，不妨先從提問並且傾聽回答開始嘗試吧。

若由「最近如何？」開始提問，會得到什麼答案

木村在負責人才培育工作、進行個人面談時，總是從**「最近如何？」**這個問題開始。這個問題非常抽象，如果是在其它的場合，絕對談不上是個好的提問。但是，在人才培育這個領域，卻是個萬用的問題。

針對這個問題的回答，大致可以分為三種模式，依據模式不同的應對方式也大不相同。

模式①：「很順利」

不管三七二十一先回答「很順利」的徒弟，大約占整體的一至二成。此時，提問者（師父）如果深表認同地回答：「是嗎？很順利嗎？沒有什麼特別的問題吧，太好了！」這樣是不行的。要再進一步追問「什麼事情、怎麼樣順利？」讓對方具體地思考自己認為「進行順利」的原因。

詢問對方為何認為順利的具體原因，對方若能說出個所以然，很可能表示「真的順利」。讓對方更上一層樓，應該可以考慮給對方難度更高的課題與任務。

但是多半的人，當別人追問「什麼事情？如何順利？」其實自己也搞不清楚判斷「很順利」的根據何在。人家一旦問起來，才想到「這麼說來，不久之前參加的專案，自己所負責的部分雖然沒有什麼問題地順利完成，其實是因為前輩幫了我不少忙，不是全由我自己完成的」等，看見自己所抱持的問題，而轉為接下來所介紹的、認定自己「問題很多」的族群。

模式②：「問題很多」

一開始就回答「問題很多」的人，與由一開始認為「很順利」而轉為認定有問題的人加起來，大約占了整體的八至九成。

針對這些人，則要詢問「你遇到什麼樣的問題？」如此一來，這個模式又可以再進一步分為兩類。

第一，「主管指出我有這樣的問題」等，把他人說自己有的問題列舉出來的族群。這個族群占了這個模式的大半。針對這個族群，要讓他們思考「**你跟著別人提出的問題人云亦云，這樣真的好嗎？**」

像是用這個常見例子，讓徒弟自行思考。

師父：「想想看顧客企業的事情吧。他們老闆在接受媒體訪問的時候，被問到『貴公司的問題是什麼？』老闆回答『最近被證券分析師說，○○是公司的課題』。你認為這個老闆如何？」

經過師父這麼一說，徒弟就會回答「明明是自己的公司，卻把證券分析師所提出的意見原封不動當成自己的回答。到底是怎麼看待自己是經營者的角色」等批評。在說這些話的同時，有些徒弟會察覺到「其實我也跟他一樣」。但是，沒有自覺的徒弟，師父就要再追問：「你自己又是如何呢？」這樣的問題。

對於公司將來的方向有明確的目標（這個除了主事者以外無法設定），分析針對這個目標不足的地方是什麼、弱點在哪裡，引導出課題在哪裡。這在個人層面上也是相同的。課題，應該要由自己找出來。

此外，以下的例子說明師父如何引導徒弟自己思考和作答。

師父：「顧客企業的營業利益率每年都有百分之七。那麼，我們可以說這家公司的經營表現很順利嗎？」

對於以營業利益率百分之十為目標的公司而言，也許可以說這家公司問題還很多；但若目標是百分之五，姑且可稱為順利。

再進一步說，同產業中的其它公司的營業利益率是多少？這一點也需要納入考慮。也許不看與現金流量表或資產負債表相關的業績指標，就無法判斷業績表現是好是壞。

只單從一角度來看結果，並無法確知是否是課題或問題。有自己所設定的目標，發現目標與現狀之間的落差，才能夠確定真正的課題所在。

要是目標訂得太高，則課題會層出不窮；但若所設定的目標太低，對於現狀又會找不出問題吧。

不是突然指出問題，而是像這樣利用各種的例子，接著，師父又問：「為什麼？」「具體來說？」等問題，藉此引導徒弟抵達自己找到答案的終點。

模式③：能夠答出目標與課題之間的落差

在回答「課題很多」的人們之中，還有一個族群是會回答「自己的〇〇目標，達不到△△這一點是課題」的人。應該占整體的百分之五至十左右。

圖4-2　找出自身課題所在，才能邁向成長

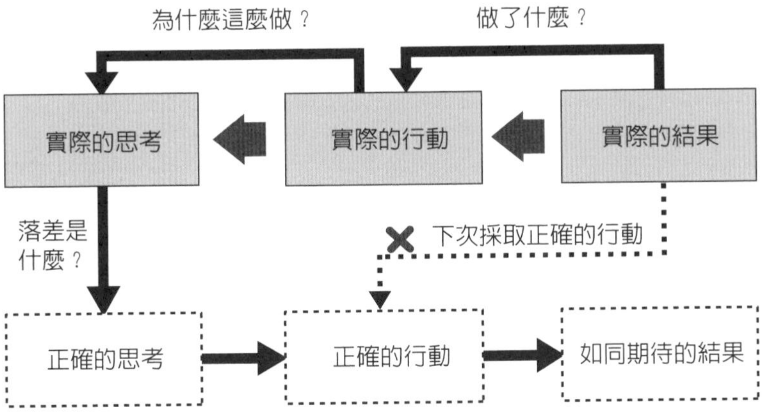

這個族群大概是自己完成了目標設定與自我認知，並對之間的落差有所體會（或正要這麼做）。

對於這些人，要注意是否有落入第二章所述的「陷阱」；若是如此，需要藉由提出問題讓當事人思考進而微調修正。雖然如此，這一個族群大概可說已經走在成長的軌道上了（圖4-2）。

讓徒弟產生自覺，而不是由師父點出徒弟的課題

育才者（師父）不是直接指出接受培育者（徒弟）有待解決的問題所在，而是要讓接受培育者自行思考並且認知到課題何在，如此一來，應該提出什麼樣的問題呢？

總之，重點在於不能直接點出答案。除了用「換句話說」的方式，整理對方所說的話以外，要以連珠炮那般的方式，追問對方「為什麼？」（詢問原因）「用什麼方式？」（讓對方具體說明細節）。

不過，此時的關鍵在於，對於「無法做到○○」這一類的說明，不要反問「為什麼

無法做到○○？」而是詢問像是「那麼，你做了什麼？」之類的問題，能夠有效促使對方發現到課題的本質。

接下來，舉出幾個對話的實際例子。

徒弟A的狀況

徒弟A：「現在我的課題，我認為是做不到邏輯思考這一點。」

師　父：「如果不是邏輯思考，那是怎麼樣的思考過程呢？」

徒弟A（深思熟慮之後回答）：「不是先經過理性思考再執行，也許只是將過去相似的案例中，複製進行順利的做法罷了。」

師　父：「為什麼認為和上一次採取相同的做法會奏效呢？」

徒弟A：「上一次順利進行的時候和這一次，前提條件明明不一樣，但我卻沒有注意到。上一次好不容易進行順利，但卻沒有回顧反省之所以能夠順利進行的關鍵因素，我想這是這次覺得可以複製的原因。」

也許是因為順利進行而有點得意忘形。不論失敗或成功，確實地反省回顧，而且分析出成功或失敗的原因是必要的過程。」

徒弟B的狀況

徒弟B：「上個星期完成的資料，主管刮了我一頓，說很難讀懂，也遺漏了客戶要求的資訊。」

師　父：「為什麼會做出這樣的資料呢？」

徒弟B：「我想是因為無法站在客戶的角度思考的緣故。」

師　父：「那麼，你是從什麼角度思考的呢？」

徒弟B：「嗯……（陷入沉思）。把『完成資料』這個手段當成目的，想要把自己的調查所得全部塞到這份資料中，覺得自己有這種錯誤的意識。」

師　父：「是假設自己會在與顧客的會議中自行簡報這份資料嗎？還是說，你認為到時候是由主管簡報，所以就交給他善後？」

徒弟B：「我沒有想到自己會站上第一線簡報。如果曾想像並模擬自己簡報這份資料的狀況，我想應該就能夠預測從聽眾得到什麼樣的反應。」

恐怕實際上的師徒之間對話，不會進展地如此順利吧。也經常發生接受培育者（徒弟）陷入苦思，久久無法回答的狀況。

即使是在這種狀況下，也不能由育才者（師父）這一方先提出答案，而必須等待接受培育者親自動腦找出答案為止。

在無論如何都得不出答案的狀況下，讓接受培育者考慮一天甚至一個星期也無妨。

「分解」工作，決定要將其分責到何種程度

控制分派工作的難易程度

之前曾經觸及「人才培育」與「績效或成果」如何兼顧的議題，為了達到有效的人才培育，促使接受培育者的實力發揮到最大的極限（實際上要促使發揮到最大值，必須要將目標訂得比最大值略高）是很重要的。

因此，應該要賦予接受培育者難易程度與本人的實力相符的工作，必須抱持這種認知來交辦工作。不過，為了達到這一點，需要**確實地把握每一項工作的難易度**，**以及掌握受培育者個人的實力**，兩者必須相輔相成、缺一不可。

其中尤其是要把握各項工作的難易度這一點，絕非易事。那種還是為人部屬時代就「很能幹」的人，當上主管之後通常無法恰當地掌握工作難易度。因為不管任何工作，他們都能比一般人做得更好，很容易把所有工作區分到「簡單」這個分類之下。

但是，在交辦工作的時候，如果能抱持以下將工作「分解」的這種發想，就能夠控制所分配工作的難易程度。也能夠看出各項工作之間難易程度的差別。

其中難度最高的是「給予論點」的方法。交辦的只有「問題」而已。連該如何建立假說、該如何驗證假說，都交給接受培育者自行思考。

難度次高的是「給予假說」的做法。提供問題與假說，驗證假說的工作則交給接受培育者。

接下來，難度第三的是「給予（驗證假說的）工作」的方式。面對問題建立假說，為了驗證假說需要進行哪些工作，把整體工作分解，給予「協助蒐集證明○○（假說）的資料」如此明確的指令。

其中難度最低的，就是「給予進行某項個別作業」指示的做法。「這個資料，用這種方法調查、用這種格式（format）整理」，也就是以「一個口令一個動作」的方式交辦工作。

- **給予論點**：A公司的B事業在中國市場的收益率日漸惡化。想想看該怎麼做才好。

- **給予假說**：A公司的B事業在中國大陸的市場的收益率日漸惡化。我推測將商品運送到零售店的物流成本，可能是發展的瓶頸，試著調查看看吧。
- **給予任務**：A公司的B事業在中國市場的收益率日漸惡化。我推測將商品運送到零售店的物流成本可能是發展的瓶頸，針對該公司的主力商品C與D近三年，由工廠至零售店的配送物流成本的變化，試著分析看看。
- **給予個別作業**：A公司的B事業在中國市場的收益率日漸惡化。我推測將商品運送到零售店的物流成本可能是發展的瓶頸，針對該公司的主力商品C與D，請你先跟各自負責的部門詢問確認，再將由工廠至零售店的配送物流成本近三年的變化，按照各物流業者分類列表整理出來。在這裡填入這個和那個數字，最後再把這一行的數字，以曲線圖圖表進行彙整。

分別運用袖手旁觀的結果管理和插手介入的過程管理

前述的分解工作難易度的方法，也可以用「插手介入」（hands-on）和「袖手旁觀」

（hands-off）的方式理解。「給予論點」「給予假說」「給予任務」「給予個別作業」之間的差別，即在於交辦範圍從哪裡開始到哪裡結束，因此這四種交辦方式正好形成一種漸層關係（圖4-3）。

袖手旁觀，是針對結果的管理。就是一種把工作交辦出去就「之後請你自己看著辦」，形同全盤委託當事人的管理風格。

另一方面，插手介入則是對於過程的管理。是一種將工作的執行方式詳細控管的微觀管理（圖4-4）。

觀察社會上的管理方式，管理風格分屬於這兩個極端「其中之一」的人非常

圖4-3　交辦工作的方法

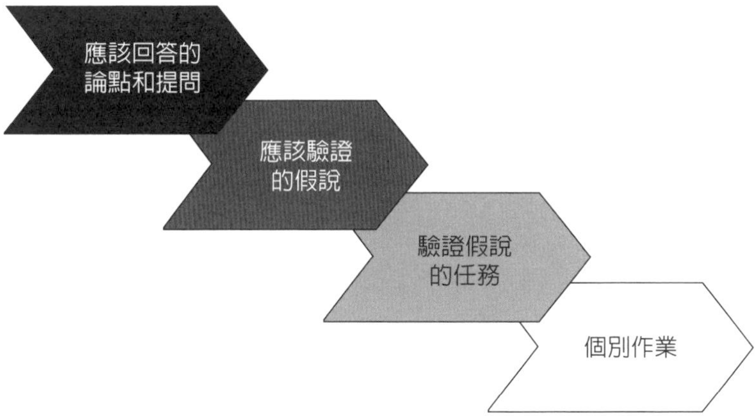

多。但是，這樣是無法實現「人才培育」與「績效」兩全其美的目標。「只顧著人才培育，但是團隊的績效表現無法提升」「要提升團隊的績效，就沒有培育人才的餘裕」，如此抱怨著的主管，大概就是陷於這種極端管理風格的狀態吧。

為了要兼顧人才培育與績效表現，必須要交互運用插手與袖手的管理方式。控制所分配工作的難易程度並交辦工作，也就是有彈性地分別運用插手介入與袖手旁觀這兩者來進行管理。具體而言，又可以分為「**依據對象不同分別交互運用**」「**依據時機不同分別交互運用**」這兩個層面。

依據時機分別運用的訣竅在於，在剛著手

圖4-4　管理風格：袖手旁觀和插手介入

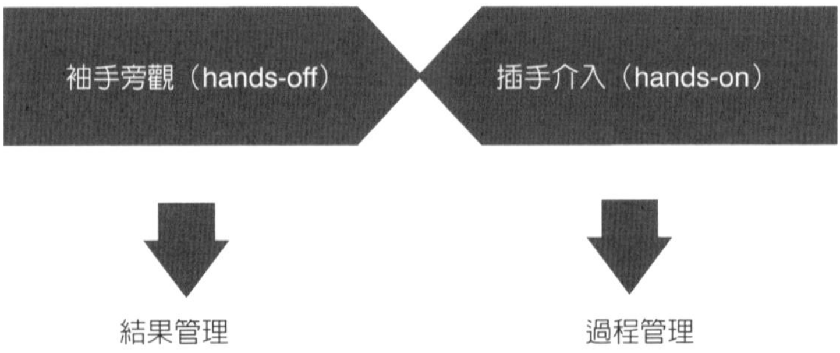

新工作的時候（最初）與在工作彙整的階段（最後），比較需要採取插手介入的過程管理，而在兩者之間的過程則相對比較可以採取袖手旁觀的結果管理。

有此一說，將飛機起飛後的三分鐘與降落前的八分鐘合稱為「關鍵十一分鐘」（critical 11 minutes）。加上這也是切換自動駕駛與手動駕駛的時間點，又容易受到天候的影響，因此據說飛航事故皆集中在這兩個時間帶。在一般工作上也是如此，「意外」發生的原因集中在「起飛時」與「降落時」。在這兩個時間點必須讓主管集中精神，張弛有度交互運用插手和袖手的管理方式來達成目標。

而且不是老是用極端的「全盤委託」或「微觀管理」，而是分別交互運用「保持一點距離的插手介入」或「稍微靠近一點的袖手旁觀」這兩種方式進行管理。

試著把全部的工作交辦委託，針對最後提出的成果，無法順利完成的部分由主管補位完成，這也是一種可能的做法。相反地，工作到中途為止由主管進行，剩下的由接受培育者完成，也是另一種可能。

一邊觀察接受培育者的實力，一邊由插手（微觀管理的管理風格）開始，累積了成功經驗之後慢慢地轉移為袖手（完全委託的管理風格）的方式也不錯。

管理動機（motivation）

最後的問題在於，能夠讓接受培育者拿出多少「動機」來加速自己的成長。成長對於當事人而言雖然有意義，但要持續在日常生活中不斷努力、深度思考、反省所作所為並且著手改善實在不容易。成為接受培育者堅強的後盾，也是育才者應該發揮的重要槓桿作用。

「六成安心、四成不安」是最適當的比例

雖然是訴諸感覺的數值，但為了要提升人才培育的投資報酬率（ROI，Return on Investment），育才者（師父）讓接受培育者（徒弟）抱持「六成安心、四成不安」的情緒比例是最好的。

首先，所謂的「六成安心」，指的是「育才者（師父）對我（徒弟）的潛力有所期待」「師父對我（徒弟）如此嚴厲，是因為對自己的期待」「即使失敗，師父也不會丟下我（徒弟）不管」的安心感。

而且，這也是「自己只要努力就能夠成長」「自己能對他人（顧客及團隊）有所幫助」等相信自己辦得到的情感投射。倘若師父沒有成為徒弟可以寄託的心靈原鄉，不但聽不進師父嚴厲的批評與指示，也無法具有克服難關的能量。

另一方面，所謂「四成不安」指的是「自己（徒弟）還有待解決的課題，有待成長」「自己對於他人（顧客及團隊）的貢獻度還不夠，真令人懊悔」「不努力的話，就無法有所突破」等情緒反應。若是對於現在的自己感到百分之百滿意，就不會湧現成長的企圖心，更別說會採取任何行動。

而育才者有意識地打造出兩種情緒（安心與不安）之間的平衡狀態這一點，是非常重要的。舉例來說，讓接受培育者的實力，以及受到主管交辦的工作難易度成為天作之合，讓接受培育者得到安心感與成長的實際體驗，也會讓接受培育者浮現「想要更進一步成長」的心情。

如果徒弟一再接到師父交辦簡單的工作，由於十分枯燥無聊，連「四成不安感」這個比例也無法保持。另一方面，若是總是被交辦自己跟不上的工作，無法湧現自己對於顧客或團隊有所貢獻的感受，則無法保持「六成安心感」的比例。若是不安超過安心，轉變為「四成安心，六成不安」的話，成長速度反而會減緩。

此外，這是最基本的通論，做為安心的基礎，徒弟對師父經常抱持信賴與尊敬的態度，彼此互動相處是非常重要的關鍵。

該如何啟動徒弟的幹勁開關

在持續培育人才工作的過程中所感受到的是，如果一個人對於自己所做的事情感受不到價值，自然會降低做事的動機，也會減少對於執行任務的注意力。在這種狀況下，要得到人才培育的成果是非常困難的。

特別是若所面臨的狀況嚴峻、時程緊湊的時候，覺得「搞什麼，非得做這些事不可嗎」的心理傾向更為明顯。這種時候所出現的問題在於，育才者（主管、師父）與接受培育者（第一線工作人員、徒弟）在與工作相關資訊上的不對稱。

身為育才者的主管，彙集了各種的資訊，並以此為據判斷狀況，將工作交給接受培育的一方負責。

另一方面，第一線的工作人員在受到限制的狀況、無法綜觀全局的視線內，思考自己受人交託的工作。導致交辦工作者與受到交辦工作者之間的認知會產生極大差異。有時受人委託工作的一方，由於認知差異而心生不滿，因而降低努力工作的動機。

為了要避免此種狀況，現在做的事情具有什麼「意義」、為什麼必須要做這些事情等，連同與工作專案相關的背景資訊，都向接受培育者、或受到交辦工作者正確清楚傳達，是非常有效的做法。

這裡所謂的「意義」除了是在「人才培育」層面上的意義外，特別是清楚傳達在達成「成果」（如何對顧客有所助益）有何種意義這一點更是非常重要。若是具備「希望對客戶有所助益」這種正確心態的接受培育者，若能夠理解自己所作所為在「達到成果」上的意義，便能夠搧風點火引爆「幹勁」。

至今為止的章節介紹了如何成為善於培育人才者的三個基本重點。最後希望再次確認的，是應該在這三個基本重點之前執行的措施，那就是**向徒弟重複傳達「具備正確的心態」的重要**。

這件事情聽起來沒什麼困難，但是，育才者這一方很容易在無意之間，把注意力放在技術指導層面上，因而疏忽了傳達具備正確心態的重要。如同第一章所述，設定正確的心態是持續成長的基礎，也要讓接受培育者了解具備正確的心態有多麼重要。

人才培育也要利用PDCA循環

接下來，要思考的是如何實際推展人才培育。在BCG，長年由每一位實際從事人才培育工作的同事，在第一線研究並相互分享什麼才是培育人才的最好方法，同時藉此讓BCG的組織制度更加完善。這種雙管齊下的做法，目前也持續在尋求最佳答案的路上。

固然也有顧問諮詢業特有的職業特性，不過，本書是從我們的經驗之中，彙整出應該可以適用於廣泛業界、業種、組織型態的人才培育訣竅。

想要確實讓人才培育有所進展的必要條件，一言以蔽之，就是**讓高品質的PDCA循環運作不息**這一點（這裡所提的PDCA與一般商業運作相同，指的是Plan-Do-Check-Action，即規畫、執行、查核、行動的循環）。

在人才培育這個領域的PDCA，可以區分成短期PDCA與中長期PDCA兩個種類，兩者皆仔細謹慎執行，對於人才培育的加速與完成度的提升將有所幫助。此處希望由短期ＰＤＣＡ開始說明。

以在職訓練為主，課堂講習為輔

在ＢＣＧ人才培育的中心是在職訓練（ＯＪＴ，on job training）。雖然也準備了許多課堂講習的訓練課程，但都只是做為ＯＪＴ的補充，光靠課堂講習無法做到人才培育。

這一點如同第一章所述，因為光是教科書的知識無法有所助益，需要經過實戰經驗方能將其轉化為「派得上用場」之物。

觀察企業的人才培育第一線現場，即使號稱是ＯＪＴ，但我們注意到實際上有非常多的狀況只是單純「棄之不顧」。所謂的ＯＪＴ，並不是以「棄之不顧」的態度，讓接受培育者漫不經心觀察周遭發生的點點滴滴並從試錯過程中學習。而是以前述的目標設定和自我認知為基礎，師父交辦工作給徒弟，再針對其工作成果給予回饋意見，確認要達到目標下一步應該採取何種行動之後，接著再交辦下一次的工作，是一種與PDCA同時循環（或是近似循環的引導）的工作過程。

成長速度無法提升的人，本來就沒有掌握到該怎麼做，才能讓PDCA循環不息的重點。而成為今後也能主動成長的人的關鍵，就是自己本身的（短期）PDCA循環力。

與育才者相關尤其重要的是，在PLAN階段交辦工作的方式、在DO階段保留某種程度的餘裕、在CHECK階段給予回饋意見的頻率，以及在ACTION階段給予建

圖4-5　培育團隊成員的短期PDCA：持續做、不間斷、就有效

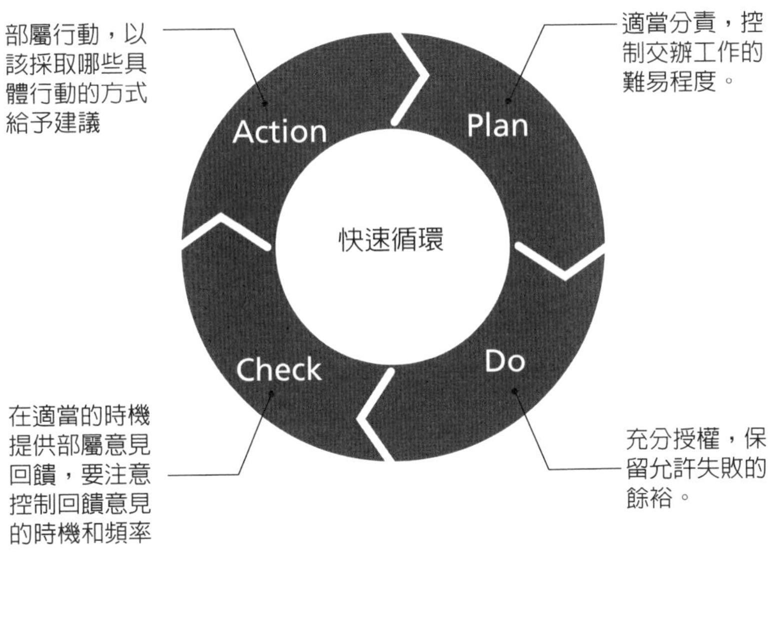
部屬行動，以
該採取哪些具
體行動的方式
給予建議
Action
Plan
適當分責，控
制交辦工作的
難易程度。
快速循環
Check
Do
在適當的時機
提供部屬意見
回饋，要注意
控制回饋意見
的時機和頻率
充分授權，保
留允許失敗的
餘裕。

議的方法。以下我們將分項詳加說明（圖4-5）。

規畫（Plan）：以人才培育為目的，適當地將工作分責

首先，從交辦工作的地方開始。先前雖然提過正確地交辦工作是基本功，但其實要正確地、且交辦略高於接受培育者實力的工作，是極為困難的事情。因此，**一邊嘗試一邊進行是必要的**。

首先，確認要交辦工作對象至今為止工作的難度水準，交付合於該程度水準、且能在短期內結束的任務。觀察這項任務的執行過程與結果，再調整下一次要交辦工作的難易程度。

再一次觀察工作的執行過程與結果，重新調整下一次要交辦的任務。初期藉由重複這樣的過程，能夠找到合於受培育對象的交辦工作的方法（關於任務的難度、交辦工作的方法，請參考「『分解』工作，決定要將其分責到何種程度」一節）。

執行（Do）：反其道而行，試著讓部屬表現至遭遇失敗為止

接下來進入「執行」的階段，此時為了要讓接受培育者能夠掌握自己待解決的課題，育才者在可控制的範圍內，讓對方嚐到失敗的滋味這一點是很重要的。

因為相較起來，在實踐的過程中遭遇失敗，讓自己理解到課題設定與自我認知的問題，接受培育者對於自己待解決的問題，才能夠真正的認同與接受。此外，失敗的經驗也會形成強烈的動機，讓接受培育者願意解決問題以達成自我成長的目標。

在這裡重要的是，讓接受培育者**在「可控制的範圍內」嚐到失敗的滋味**。若失敗影響到工作的「成果」就本末倒置了，而且若失敗的程度太過劇烈，也會影響到接受培育者的士氣。

更為簡單的做法，是讓接受培育者在公司內部遭遇失敗。讓負責準備部門內部會議、洽談時的說明資料，準備在團隊小組內討論的草案等工作。

要讓接受培育者在公司外部遭遇失敗，說實在的難度很高。真要做的話，大概會是

如下的例子。

事前沙盤推演，先告訴接受培育者實際的會議可能有什麼樣的進展、相應將進行什麼樣的假設模擬。此時要重複這樣的對話「客戶很在意這件事，所以在這個地方應該會提出這樣的疑問」「如果用你所思考的進行方式，在這裡可能會產生這樣的問題」。

並且，讓接受培育者冒冷汗地「萬一是用自己所準備的資料或自己所思考的方式進行，會發生什麼結果？」實際參加與顧客之間的會議。

花這些工夫是必要的。

查核（Check）：在適當的時機給予回饋（feedback）

接下來，必須進行確認接受培育者所完成的工作成果，並修正工作執行方式的查核。這個查核的過程，在適當的時機、以適當的頻率進行是非常重要的，而這也絕非易事。

為了讓被交辦的任務朝著正確的方向進行，以頻繁而且仔細地調整修正即可。但是，若論為極端的「插手介入」與微觀管理，則無法得到良好的人才培育效果。另一方面，若是交辦任務之後過度放任，這下換成會對工作本身的「成果」有不良影響，這又是一個問題。

當還不清楚接受培育者的實力如何、或是經驗尚淺的時候特別是如此，育才者必須盡可能以頻繁的頻率確認工作狀況，並且**判斷萬一出狀況，是否在自己能夠補位處理的範圍之內**。

在這樣做之外，不是經常插嘴，而是在「千鈞一髮好像有點危險的時候」「很努力了，但這裡差不多是極限了」這種時機點再提出調整修正的需求，若能做到這種程度，應該就可說是晉身前段班了。

我們再三強調，切記，這一切都是為了兼顧「人才培育」和「績效」（成果）所做的努力。

行動（Action）：以該採取哪些具體行動的方式提供建議

以查核階段所進行的回饋為基礎，在給予應該如何改善的建議時，盡可能地具體、並以「行動」為基準來傳達建議是很關鍵的。若以「成果」為基準，只是告訴接受培育者「應該要可以做到這種程度」，但不見有所改善的狀況很多。

所謂的成果基準，就如同「提升溝通能力」「學習簡報能力」這一類的說法。但是，本來就是因為不知道「該怎麼做才能提升溝通能力」「該怎麼做才能學習簡報能力」而感到困擾，只是重新再說一次要提升溝通能力、學習簡報能力，也無法有所改善。

傳達建議的時候，要以更為具體的「行動基準」來表示。例如「每周一次錄下自己的簡報，回家後一定要反覆觀看」「進行訪談調查時，針對對方所說的話，一定要注意每一項都提出問題深入挖掘」。

藉由如此在ＯＪＴ過程中，有計畫並且確實轉動ＰＤＣＡ循環，引以為目標且有效果的人才培育也能夠順利進行。

藉由短期集中特訓讓徒弟主動成長

在「特訓期間」集中培育

接下來，要為各位讀者介紹用比平常更短的時間、將ＯＪＴ的步驟濃縮執行的**「特訓期間」**做法。

人才培育原本應該是以中長期持續執行為基本，但在ＢＣＧ設有時間限制、集中培訓人才的「特訓期間」。在多數的企業中，應該少有在ＯＪＴ的過程中進行此種短期集中型人才培育的發想吧。

在有限的時間內，進行非常集中式、徹底的人才培育，育才者這一方也確實需要花許多時間、精力與體力。但是，相對於這些投入的辛勞，由於人才大幅成長的可能性很高；以長期而言，投入時間的投資報酬率（ＲＯＩ）提高了。若是運用執行的方式正確，可說是ＲＯＩ極高的人才培育手法。

短期集中特訓這種手法，不是對誰都能用。首先，要以接受培育者具有成長意願、努力意願為前提條件（短期集中特訓時育才者這一方固然辛苦，接受培育者也絕不輕鬆）。

除此之外，要選擇只差一個契機，就能夠脫胎換骨的人來進行集中特訓。若是考慮到投入的時間成本，從現實層面以主管的立場而言，某段期間內能夠進行短期集中特訓的只有一個人。當然，即使是在這段短期集中特訓的期間，對於其它團隊成員的培育工作也不能馬虎。

特訓宣言以師徒雙方建立共識為起點

一開始要進行的，是育才者（師父）和接受培育者（徒弟）「建立共識」。開始進行特訓之前，**育才者在向對方「宣告」接下來要開始進行集中特訓的同時，取得接受培育者的同意**。不能由育才者在未向受培育者告知的狀況下任意開始。

此時，在特訓中，師父為將為了培訓的目的而給予困難的課題，但這是刻意的訓練，必須要向接受培育者宣告請對方放心挑戰難題。

例如傳遞這樣的訊息「從今天到某月某日為止，要針對A（徒弟）進行集中特訓。也會遇有給予困難的工作、嚴厲指導的狀況，但這是因為堅信A具有無限潛能與成長可能的緣故。萬一交辦的工作無法順利達成，我們也絕對不會棄於不顧，請安心」。

在這樣的宣言之中，所要求的其實是接受培育者的決心。要說理所當然也是理所當然，在說上述那番宣言的時候，育才者必須打從心底這麼想（而不是光說不練）。接受培育者也是堂堂的職場工作者，師父也應該認為徒弟可以輕易看透自己是否認真帶人，而不是光說不練這樣會比較好一點。

在特訓期間剛開始的時候，這是不可或缺的儀式。若是在平常，育才者與接受培育者之間已經建立起牢不可破的信賴關係，也許可以不需要，但在大多數的場合都並非如此。

此外，即使育才者是這麼想的，但應該也有接受培育者不以為然的狀況。尤其是像BCG這種以專案模式在工作的組織，師父與徒弟並不會長時間坐在隔壁的辦公桌一起進行日常工作。雖然一起工作的時間長短，並不是唯一重要的因素，但一般而言，要能夠確實建立起默契一般的信賴關係，需要相當程度的時間才行。

若是要在沒有達到默契這種程度關係的狀態下，師父突然開始進行短期集中特訓的話，徒弟很容易不知所措，因為感到不安而退縮不前。若尚未確認彼此之間的信賴關係，師父就交付徒弟困難的工作或使用嚴厲的言詞，將會招致「蠻橫不講理」「為什麼一定得對我有話直說到這種程度呢？」等不信任感。如此一來，育才效果也會減半。

師父向徒弟明確傳達「嚴格訓練，不離不棄」的訊息

藉由師父宣告「特訓期間」，讓徒弟確實理解到這個過程有「截止期限」，因為師父看出徒弟的潛力和引導成長所採取的特別做法。

此外，特訓措施的目的並不是為了針對績效加以評斷，即使徒弟失敗，也不會影響師父對徒弟的評價，工作成果的責任，由師父一肩扛起；師父也不會對徒弟採取「引馬就水，推下水」這種棄之不顧的行為。總之，師父對徒弟要將這些細節清楚傳達，並取得認同。

如果徒弟忐忑不安，無論別人說什麼都聽不進去。因此，藉由師父宣告「雖然會對你嚴格要求，萬一你做不到時，我也絕對不離不棄」，可以讓徒弟感到安心。

更進一步說，徒弟也會意識到師父將時間投資在自己身上。師父即使是在非常忙碌的工作中，還擠出時間花在人才培育上。一旦徒弟理解到自己是受人投資的對象，也會有學習欲望。

徒弟若在短期集中的訓練中實際體驗到成長、累積拿出成果的成功體驗，就能夠開始主動成長的正向循環。

一邊實際體驗「該怎麼做才能夠成長」「該怎麼做才能有績效表現」，一邊學習並掌握相關訣竅。一旦有過一次掌握到訣竅的經驗，之後即使沒有師父手把手的帶領，徒弟也能夠主動成長。

利用快速PDCA循環加速人才成長

在特訓期間，PDCA的循環會以更快的速度運轉。不只是傳達「要用快速運轉

ＰＤＣＡ循環」，而是循環中的每一個步驟都與育才者息息相關。

要讓ＰＤＣＡ循環以「更快的速度」運轉時，重要的是要增加查核階段（Check，提供回饋）的頻率。若是提供回饋意見的間隔相差太遠，會延遲發現工作的方向有所偏差的時機，也提高對團隊整體成果產生負面影響的風險。為了要降低各種的風險，也必須要讓小型的ＰＤＣＡ循環以快速運作。

具體而言，在交付課題後，所給予的思考時間要切割得短一點。

剛開始的時候，要設定一天三次、每次十五分鐘的會議。若早上有交代課題，那麼就在下午一點設定十五分鐘的會議。讓徒弟報告這三小時的思考結果，並給予簡單的回饋意見。讓徒弟參考回饋意見之後再次思考，在間隔三小時之後再度聽取報告。

剛剛提到「短期密集的人才培育，師父這一方雖然也很辛苦，但成果卓著」，指的就是這一點。師父也得配合這個時間，把自己的工作節奏切分成每隔三小時一個段落才行，進行一天三次、一次十五分鐘的會議也絕不輕鬆。

但是，利用頻繁的會議確認事物的進展狀況，提高ＰＤＣＡ循環的頻率，並提升人才培育的效果。

此時，各位讀者也許會認為這其實就是一種微觀管理，反而會削弱徒弟的幹勁。此外，每次的面談，換言之也就是嚴厲地「指出缺失」的時候，可能會讓徒弟喪失自信、或引發其不滿，應該也會有這樣的擔心顧慮吧。

但是，此時在短期集訓最初所進行的「宣言和認同儀式」就會發揮效果。正因為剛開始的時候，先行針對這段期間的目的與集訓的進行方式加以宣告，參與雙方才能夠耐得住嚴峻的狀況，並且有持續前進的動力。若非如此，就會像各位讀者所擔心的，每天的會議單純淪為挑剔細節，而且造成人才培育雙方困擾的互動方式，也無法達成有效的人才培育。

之後，經過觀察一天三次會議進行的狀態，逐漸降低會議的頻率。徒弟也應該漸漸能夠預測師父在每一次會議想要確認的內容，並對自己工作的進行方式加以自我確認。

讓徒弟主動追求成長

若是能夠做到自我確認，即就是在特訓期間結束之後，徒弟還是能夠自行找到自己有待解決的課題，並加以改善，讓成長可以自動化（徒弟主動追求成長）。

若是沒有確認中途的進展狀況，師父給徒弟課題之後就丟著不管、只確認最終成果的做法，結果必須全部重新來過的風險很高。

此外，即使只看結果，也無法看出是哪個步驟產生落差，以及真正有待解決的課題在哪裡。如果加快執行PDCA循環的頻率，能夠很清楚知道徒弟的問題出在哪裡，以及對方的思考慣性是什麼，而可以直指問題與思考慣性加以提點。

木山在還是第一線顧問的時代，也在尚未培養主動追求成長習慣之前，有一段並不算長的時間內，每天早晚兩次，與主管（師父）進行談話。主要的目的是確認主管交辦的工作方向，藉此能夠防止工作朝著錯誤的方向持續發展。

現在回想起來，對於主管而言，應該也是藉由頻繁進行會議獲得安心，才能夠放心把工作交給部屬吧。

歸根究柢，若光看最後的績效或成果表現，進行各種檢討和修正，都只是治標不治本的療法。由於不知道徒弟容易犯的錯誤、或是思考盲點等背後真正的原因，下一次即使想要避免再犯同樣的錯誤，也無法根除真正的病灶。

確認工作的進展、提高給予回饋意見的查核（Check）的頻率，不僅具有降低風險的效果，對於找出接受培育者的課題、往下一個階段邁進也有所助益。

建立人才培育體系制度

何謂中長期PDCA？

至今為止的章節，為各位讀者介紹了BCG人才培育的基準，在各式專案內的人才培育方法。而在BCG，除了上述透過專案工作進行人才培育的方式外，還存在著協助受培育的每位工作人員，花時間到達自己應該引以為目標的職涯規畫的系統。

這與專案的短期PDCA不同，是一種運作中長期PDCA的體系制度。

這種制度的中心架構是「期中考核（review）」每半年一次，以「全體」顧問為對象，由公司進行狀況瞭解與考核。其中尤其重要的是查核（Check）與行動（Action）的階段。正確地理解全盤狀況，並從中找出適當的人才培育方法。

而在應該採取的手段方法中，最重要的重點在於**準備適合人才培育的環境**。不論什麼樣的環境，端看身在其中的人，如何與環境共處並找出學習的方法，這種想法當然沒錯，接受培育者也有以這種心態面對工作的責任。但是，即便如此，育才者也不能夠以此當成免死金牌，而逃避打造適合培育人才的環境（包含嚴峻的考驗在內）的責任。這件事是育才者和接受培育者雙方共同的責任。

以下希望為各位讀者介紹，在ＢＣＧ這種中長期ＰＤＣＡ概要的運作方式。首先，由重要的ＣＨＥＣＫ階段開始。

步驟①：掌握現狀（Check）

在ＢＣＧ，針對每一位顧問（徒弟）都會指派一位職涯導師（career advisor）。一般顧問由專案主管、專案主管則由合夥人擔任職涯導師。

每一位職涯導師則會負責複數ＢＣＧ同事的諮商工作。

為了準備期中考核，職涯導師針對自己所負責的每一位同事過去半年的表現，會聽取此人所參與所有專案的專案主管、所有合夥人針對該名員工現狀的診斷。

所聽取的內容資訊，包含從優勢強項與需要改善的地方等現狀，到今後該怎麼做才好的未來計畫。

針對優勢強項與需要改善的地方，列舉每個階段所必備的因素，以此為基礎針對診斷結果進行確認。除此之外，也會與當事人進行面談，確認當事人對於現狀的了解程度，以及針對接下來希望怎麼做有什麼想法。

以上列資訊為前提，在這個時間點完成對於該名同事的現狀診斷書與培育方針計畫。

步驟②：集中討論（Check／Action／Plan）

以所準備的資料為基礎，將顧問（徒弟）每個階段的職涯導師全部集合起來（隨著顧問年資階段有所不同，但大概是十到十五人左右），討論每位工作人員下一次期中考核的人才培育重點。由於是針對每一位同事個別討論，因此耗時甚久（若是專案成員的考核討論，一天之內是絕對無法完成的，現在是半年一次，分四次會議進行討論）。

討論過程中，先由職涯導師說明所負責顧問（徒弟）的優勢強項與需要改進的地方、從上次考核以來的進步、顧問對於自我現狀的認知、今後應該積累的經驗、以及適性發展的方向，之後再由其它與會者提出疑問或反駁，針對每一位同事進行詳細的討論。

順帶一提，在這個討論中給予評價的一方（師父、育才者）的選才眼光和見識，也將受到考驗，是真實的勝負對決。

以這些討論為基礎，分別決定下一次的期中考核應該進行哪些項目、希望顧問做到哪些事情，以及以公司的角度應該做的事情。

針對希望顧問做到的事情，如同下一階段步驟③的說明，將由職涯導師在結束期中考核、給予受考評者回饋意見時向顧問出與對話。

另一方面，以公司角度應該進行的事項，則是決定這位顧問和誰一同工作、應該累積何種專案經驗（或專案以外的任務）等。

期中考核的結論，活用在下一期（半年為期）的工作分配上。綜合考量這些觀點與項目之後，以組織觀點決定該名顧問下一個半年的培育目標與檢驗重點（Plan）。

步驟③：執行（Do）

前述所提期中考核的結論中，包含該名顧問的優勢強項與需要改善的地方，以及主管希望顧問做到哪些事情等意見，會由職涯導師直接回饋給這位顧問。除此之外，也會將這些意見，傳達給現在正與這名顧問共同工作並負責其培育工作的主管，讓這些資訊能夠活用在之後日常的人才培育。

這些期中考核的結論重點，對於主管而言，在運作短期PDCA循環上也是非常有效的補充資訊。

而且，每一位同事的期中考核結果，也會傳達給專案或是其它工作的分配單位，在實際進行專案工作分配的時候納入考量，並加以執行（當然必須考慮該時間點已存在的專案種類、顧客的要求，以及專案的需求，無法完全照單全收，但會盡量考慮活用期中考核的結果）。

在這種狀況下，在各個專案中，就能夠建立起培育每位工作人員的短期PDCA循環。接著又會迎接下一次的期中考核，回顧過去半年、再次檢討推敲下一個半年的人才培育計畫，這才算完整跑完一輪BCG人才培育中長期制度的PDCA循環。

中長期ＰＤＣＡ的效果

短期ＰＤＣＡ、即工作現場的在職訓練（ＯＪＴ）是人才培育的基礎固然沒錯，但若能夠與中長期的ＰＤＣＡ循環結合，能夠發揮更大的效果。透過變換工作團隊成員的組合、改變工作的主題，能夠一氣呵成、加速成長的例子非常多。

此外，也有些例子是藉由累積特定類型的經驗，能夠學到他人沒有的「特長」。但是，若是在短期的ＯＪＴ運作不順暢，或是接受培育者沒有正確的心態與立場的狀況下，不管在中長期的ＰＤＣＡ循環中累積了多少不同的經驗，也對育才沒有幫助，事先提醒各位讀者留意這一點。在這種時候，具備各種必要條件（短期ＰＤＣＡ、接受培育者的心態等）是先決條件。

至此為各位讀者解釋了中長期ＰＤＣＡ的執行方式與效果，另一方面，中長期ＰＤＣＡ執行起來是非常龐大的工作量，也許各位讀者會認為自己或所屬公司無法做到。如同各位讀者所察覺的，ＢＣＧ也投入大量時間做好事前準備、會議當天的討論和之後的追蹤。即使如此，為了**培育企業基礎資源的「人」，認為這是合乎性價比**（ＣＰ，cost performance，俗稱ＣＰ值）**的投資**而長年持續下去。

此外，也許有讀者認為，因為ＢＣＧ是顧問公司，由於規模小、以專案方式進行工作，所以才能夠進行中長期人才培育的ＰＤＣＡ。

確實ＢＣＧ在日本的組織規模工作人員在數百名之譜，也是以專案方式進行工作。因此可說確實要「全體人員」一起，每半年進行期中考核不算太困難。

但是，即便是員工人數非常多的公司，我們認為也可以部門為單位、或以特定層級以上的人員為對象進行期中考核，或是組合以上特定部門、特定人員的方式來處理。

此外，若是「每半年全體人員」都進行期中考核很困難，至少可以在有人事異動的部門，不拘泥執行期中考核的人數（不必在意是否全體人員都執行），而是以人才培育為主軸來檢討；又或是討論一直以來都不怎麼顯眼的人才，我們想應該為這些事情多下一番工夫才是。

以組織觀點建立中長期ＰＤＣＡ體系制度並使其進化，對於人才培育是極為有效的槓桿。各位讀者的公司，是否也可以試著思考中長期ＰＤＣＡ的使用方式呢？

第四章總整理

- 不善於培育人才者，很容易流於「原因他人論」（怪罪別人），而將育才和績效表現兩者之間的折衷妥協當成藉口。師父要求徒弟具有責任感的同時，師父對徒弟也有責任。
- 所謂善於培育人才者，是善於讓受培育的對象產生正確的心態或是目標設定，並有清楚自我認知的人。
- 因此「徹底提問」「正確交付工作和任務」「管理動機」是很重要的。
- 之後就是藉由短期與中長期ＰＤＣＡ循環，如此持續下去，育才必能有所成果。

結語

本書至此，針對ＢＣＧ人才培育的二則方程式，接受培育的徒弟和培育人才的師父，各自可以實際執行的各項方法與手段，以四章的篇幅為各位讀者加以介紹。

第一章說明技能的前提是心態（應該具備正確的心態），第二章則傳達了正確的目標設定與正確的自我認知是成長的必要前提條件的概念。在這些想法的背後，存在著「若不在土地裡確實扎根，栽培不出一棵大樹」這種ＢＣＧ對於人才培育必須厚植深耕的強烈思想。

針對如何在有限的時間內，該如何成功地培育人才這一點，第三章與第四章則是嘗試將在即使在ＢＣＧ內部也是不成文的內容，分別由「接受培育者」「育才者」的客觀角度，把過程形諸文字。

這些內容即就是在我們執筆此書時，都仍在重覆試錯的過程中天天進化，老實說，到目前為止都還是現在進行式。今後，希望參考各位讀者的回饋意見，繼續讓這些內容改變進化。

做為ＢＣＧ人才培育手法進化的背景知識，希望向各位讀者介紹ＢＣＧ服務的內容與提供方式，與顧客共同工作的方法與其變化。

此外，也會觸及企業客戶這端對於育才需求的變化，希望各位讀者能夠理解，「優秀的顧問」與「頂尖工作者」兩者之間交集的特質，正在急速擴大中。

BCG的現況：逐漸轉變為投資的諮詢顧問業務的變化

雖說ＢＣＧ服務的內容與提供方式有所變化，但其實顧客對ＢＣＧ所要求的本質都是一貫不變的。「希望ＢＣＧ提供，提升績效所需的支援協助」，這一句話就可盡述。

另一方面如同後述，日本企業的經營環境過去數年發生了激烈的變化。現有事業競爭環境的激烈程度增加，此外，要找出能夠引領下一個階段成長的藍海這件事，變的較之過去更為困難。再加上，每一年都在發生「數十年才會發生一次、或是史上第一次、預料之外的事態狀況」。即就是業績長紅處於巔峰的企業（或是屬於業績好的企業），也必須繃緊全副神經，思考如何才能適者生存的下一步棋，這是目前大環境的現況。

如此一來，ＢＣＧ提供支援協助的主題也產生了變化。

過去，「因為想要嘗試新事物，因此雇用顧問」「現在正是擬定中期經營計畫的時機，因此雇用顧問」這種案例曾經非常多。

但是，舉例而言，現在則是以「為了更加強化自家公司的核心事業而雇用顧問」「因為希望在這個年度拿出績效成果，因此雇用顧問」的案例增加了。

此外，客戶所期待的成果除了「擬定戰略」以外，又再加上「創造事業（數字）」「人才培育」等，更形多樣化。

在單靠公司要拿出成果表現比較困難的部分工作、追求速度與效率的部分工作上活用顧問的力量，為了提升組織的競爭力而在團隊中加入顧問生力軍，以上列這種「投資」的形式來看待顧問服務逐漸成為主流。

這種主題的變化，對於工作的進行方式、顧問與顧客之間共事方式也產生了影響。與顧客企業形成共同體以推動商業發展長期專案增加了（圖E-1）。

在這種結果影響下，要求顧問所具備的能力也更加高度專業化與多樣化。理所當然地，邏輯思考能力、客觀分析能力、數字敏感度（量化分析的能力），概念思考的論述能力等，一般而言認為顧問很擅長這些領域的能力，也相應地要求更高的水準。

更進一步而言，如同本書也再三說明，超越具備高水準的個別技能，在實務上的「課題解決力」更是必要的。換言之，所要求的是預估判斷將來狀況，找出與事業和組織的成長相關的特定課題，針對解決之道建立假說，透過實際執行並學習的過程，彈性地調整戰略並進行軌道修正的能力。

因此，能夠影響他人的溝通能力、實務操作的感受力與組織內部互動等，過去認為是顧問不善於長領域（有一部分是誤解）的能力，也被要求應該有相當高的水準。

如此整理下來，「優秀的顧問」與「優秀的職場工作者」兩者之間所需特質的重疊之處愈來愈多，我想各位讀者應該也能夠認

圖E-1　顧問服務的變化

過去		現在
製作資料（給人這種印象）	➡	開發事業／培育人才（＋資料）
單一專案／以個案為基礎	➡	持續／以關係（relation）為基礎
分工	➡	合作
通才（generalist）	➡	通才＋專業
費用	➡	投資

同這一點才是。

顧客企業的現況：人才多樣化、短期培育在取得競爭優勢上不可或缺

另一方面，顧客這一方對於人才培育的需求又有怎麼樣的變化呢？接下來談論的內容可能稍稍有些艱澀，將略微詳細地回顧影響日本企業經營的大環境，並希望加入自己的觀察與想法。

有很多企業面臨在現狀的延長線上看不到未來的困境。在ＢＣＧ於二〇一一年所發表的調查結果中，分析顯示經營環境愈來愈不安定的證據有下列幾項：

- **獲利率的差距擴大**：一九八〇年以後，同一產業內第一名和最後一名的差異擴大為兩倍。
- **市場占有率的激烈變化**：一九六〇年市場占有率排名前三名的企業之中，跌出前三名的企業僅有百分之二。但這個比率在二〇〇八年則增加為百分之十四。

・市場占有率與獲利率愈來愈不相關：一九五〇年時，市場占有率名列前茅的企業中，約三家就有一家（百分之三十四）的獲利率在業界中也居於領先地位；但在二〇〇七年，該比率則甚至低至百分之七。

在全球化日益發展、科技日新月異的影響下，舊有的「業種」之間的界線也逐漸模糊，更加速了經營環境的不穩定。到昨天為止都還是互有往來的夥伴企業，突然成了新登場的競爭對手這種事，變得一點都不稀奇。

即使光看過去這一年，石油、煤與鐵等原物料價格、新興國家（特別是巴西與俄羅斯）的匯率與上海證券交易所綜合股價指數（簡稱上證指數）等，其變動幅度都在百分之三十到四十左右劇烈震盪。再加上火山爆發、密集的豪雨與龍捲風等天然災害；禽流感、伊波拉病毒與登革熱等傳染病，占據報紙版面的狀況可說是層出不窮。

雖然稱不上內憂外患，但更進一步追求拓展海外市場、M＆A（mergers & acquisitions，合併與收購，或稱購併）與進入新的市場領域等成長戰略的結果，就是讓經營階層遭遇新的經營課題。

- 將所經營的廣泛多元事業帶上全球化舞台的過程中，各項事業與地理區域的矩陣（matrix）該如何管理？
- 客群與商業模式（business model）皆相異的事業投資組合（portfolio）該如何管理？
- 如何確立規範包含海外子公司、交易對象在內的公司治理制度？如何產出經營綜效（synergy effcet）？
- 如何由原本依靠「默契」的經營管理，進化為建立體系的全球化組織經營管理？

像這樣光是將與客戶的討論中，頻繁出現的顧客煩惱列舉出來，應該可以寫一本書了。而且法令遵循（compliance）、企業社會責任（CSR，corporate social responsibility）、投資人關係的各項資訊公開，以及令人目不暇給的稅制變化的應變等，也加快了顧客煩惱清單的增加速度。除了在劇烈變化的大環境中找出適者生存的方策，同時肇因於組織規模擴大、經營項目領域擴大的經營複雜度提高，也必須加以適當地面對處理。

因上述這些內外經營環境變化的影響，「育才者」必須面對兩個與過去完全不同的挑戰。第一，與過往具備相異技能和能力的人才成為組織必要的存在。第二，在「短時間內」培養「多樣化人才」的戰力這件事變得不可或缺。

具備與過去相異之技能・能力人才的必要性

在日本的企業環境之中，具有代表性、新近成為必要能力者，可以舉出「應變能力」與「高度整合力」。

①應變能力

在現在的經營環境中，如果我們說「應變能力」的重要性提高了，應該沒有人會唱反調吧？但是，是不是所有人更能夠確實地說明「應變能力」是什麼，那又另當別論了。實際上應變能力是什麼這件事，要定義的清楚明白，恐怕又得再花上另一本書的篇幅了。

雖然有過度簡化的風險，但還是能夠將應變能力定義為「邊跑邊想的能力」（更正確地說，是事前準備好萬全對策，又能夠臨機應變修正調整的能力）。

因此，從策略擬定到提升ＰＤＣＡ循環運作的速度，也就是必須學習在更接近第一線現場的地方進行決策，再按照決策執行的成果進行調整修正的能力。而這也指出，在至今為止以工作流程當成固定應變方式的工作現場，策略和決策執行的速度、判斷力、專案管理能力。

②高度整合力

因應事業經營管理日趨複雜，「鳥瞰全局的整合力」「張弛有度模組化的能力」「化繁為簡找到事物本質的能力」等能力都成為必要。在這裡，我們將上述這些能力綜合起來統稱為「整合力」。這種「整合力」雖然與所謂的「因數分解力」南轅北轍，但並不是相對的概念。

一般而言，在進入到執行戰略的階段時，重視的是將戰略的大方向加以拆解（break

down），轉化為可執行的策略步驟。在穩定的環境下，或可稱為「平時」的狀況下，這種將戰略因數分解，並徹底執行因數分解後所得出策略步驟的能力，是事業經營的關鍵。

但是，在目前經營環境激烈變化、複雜度提高的狀況中，在頻繁進行因數分解前，回歸當初的原始戰略，進行計畫的整體樣貌的軌道修正是不可或缺的。

在專案管理的領域中，這種「整合力」屬於極為高度的技能。在靜態環境中能夠進行時程・流程管理的人才非常多，但在變化劇烈的動態環境中，具備能夠綜觀全局、運籌帷幄能力的人才則只有極少數。

當然，要讓「應變力」與「整合力」發揮價值，從以前就受到重視的商業基礎能力，必須要進化到更高水準。因為從「戰略決策」與「徹底的策略執行」兩個方面而言，若沒有超乎以往的工作效率與精準度，很容易就會淪為總是空談戰略理論，只會調整修正這種最糟糕的事態發展。

由此看來，各位讀者應該能夠理解到，其實這些新近成為職場必要的技巧和能力，與過去顧問諮詢業所提供的價值是息息相關的。

相對於在過去缺乏變化的經營環境中，需要這些能力的時機或場合都比較有限；現在則是在所有的業種或職級，都在尋求具備這些新能力的人才。

多數企業的管理階層漸漸注意到，組織內部這種人才數量的絕對值，與企業的競爭力息息相關。

多元人才的即戰力

過去的日本企業，以「多年媳婦熬成婆」的年資制為主，建構出以較為均質（背景相似）的人才為前提條件的經營基礎體系。人事制度或進修制度（以安定的外部環境為前提）也是依據長期觀點而建立，自然也是以長期措施為主吧。

但是所謂「較為均質的人才」這個前提條件，正在逐漸分崩瓦解。因應經營領域的多角化、事業的全球化、購併的增加等變化的經營戰略成為必然的結果，國籍或背景多樣化的專業人才正不斷增加。

世代之間對於職業觀的落差，正以前所未有的速度擴大，女性的社會參與以及雇用高齡者等積極的策略也是無可避免的，也不能漏掉錄取中途轉職而來的人才將更為一般化的趨勢。

企業競爭力的來源，全賴如何活用人才。在經營環境令人目不暇給地變化的狀況下，企業所需要人才的條件也每天都在變化。同時，可能是以對應經營環境變化的形式、或者是獨立的現象，總之公司內部的人才的多樣化發展會更進一步加速。能否將新錄取進來或經由組織內部調動而來的人才，在「短期內」培養這些人的戰力，成了左右競爭力最重要的因素。

過去，曾是專屬ＢＣＧ這種專業事務所的「人才短期培育」或「多樣化人才管理」等情況，轉變為更為一般需求的時代已然到來。

ＢＣＧ內部的「人才培育手法」仍在持續發展中

在ＢＣＧ內部，傳承過去的「多樣化人才產生的連帶感」，以及在人才培育的思考方式上的關鍵字「師徒制（apprenticeship）」。

「多樣化人才產生的連帶感」的思考邏輯，是源於ＢＣＧ有各種背景的人才組成一個團隊，為客戶所帶來的附加價值才會有高度成長。

「師徒制」是ＢＣＧ以在職訓練（ＯＪＴ）培養的師徒關係為基礎，發展而成的培育人才制度。這套制度重視師父和徒弟雙方的責任，也就是師父肩負磨練徒弟的責任，徒弟則有向師父學習的責任。若是一路讀到這裡的讀者，應能理解本書的內容是以這些思考邏輯與制度為出發點。

在ＢＣＧ，建立人才培育制度化系統的腳步加快了，在「One BCG, Many Path」的大方向，陸續建立各種制度。其中，理所當然地，能夠化為文字的內容也陸續整理成為指南（guideline）；但意外的是，藉由在職訓練的過程中是如何培育人才的，由這個觀點出發的內容，即使是在ＢＣＧ公司內部也尚未形諸於文字。

本書是木村亮示和木山聰二位作者以在ＢＣＧ的經驗為基礎，嘗試將人才培育的經驗和心得化為文字；一旦試著要將經驗寫成文章，卻發現很多內容都是「理所當然」的。二位作者的撰稿準備會議，總是在中途便切換為反省檢討會，討論事項包括：

- 自己採取各項措施的徹底程度，也還是七零八落。
- 對方（對木山而言是木村，對木村而言是木山）所做之事，自己並沒有做到。
- 環顧公司內部，（應該）還有很多可以讓每個人發揮潛力的餘地。

知易行難，我們深有所感；想要落實看似理所當然的事情並不容易。

在與某位經營者會談的時候，對方曾經這麼說過：

「決定要做的事情，最後卻沒有實踐的理由有三個；（真心話是）無心要做、不知道怎麼做（沒有方法〔how-to〕），與沒有資源可做。」

雖然是十年前聽到的觀點，由於見解精闢，至今仍然印象深刻。

由這個意義上來說，本書這次所介紹的不過是人才培育的方法，而且還是尚在發展中的未完成式。

即便是在ＢＣＧ，我們也感覺必須要向更高的境界發展，激發熱情、磨練方法，以全公司上下之力，投注在培育人才。本書的作者們，在這個過程中，希望實現打造出

「接受培育者」（徒弟）和「育才者」（師父）雙方，都能抱著正向的緊張感、相互給予對方刺激，並且透過彼此尊敬、相互學習，讓每一個人的潛能與可能都開花結果的職場環境。

這一次，以書籍化的形式，得到了讓ＢＣＧ引以為目標的人才培育方法可以化為文字的機會。不知各位讀者是否能夠因此更加了解ＢＣＧ對於人才培育的想法。如果可能的話，我們衷心期待這本書對於身處其它業界的讀者來說，也能夠在「接受培育者」和「培育人才者」雙方身上發揮實際的助益。

致謝

本書得以出版，受到許多人的大力協助。

首先，每天在經營管理的最前線，讓我們協助工作進行的顧客們，您們所給予的啟發、鞭策與激勵，是我們重要的動力來源，在本書中也隨處可見。

日本經濟新聞出版社的野澤靖宏先生、赤木裕介先生，以及大井明子小姐，為了讓本書得以付諸實現，提供各種協助。

在波士頓顧問公司，對我們溫暖又嚴厲，給我們許多機會與建議的各位前輩們，一起切磋琢磨的同事與後進們，在人才培育制度上投入熱情的人力資源團隊的夥伴們。本書所介紹的成長或人才培育的思考方式與方法論，是累積這麼多人的努力與工夫得來，而且每天都在持續進化中。

感謝BCG總編輯（chief editor）滿喜Tomoko小姐在本書編輯與出版專案管理上，給予我們許多協助。謝謝BCG祕書室伊豫田未來小姐、浜田杏奈小姐在行程安排上，也幫忙甚多。

謹在此向給予我們諸多協助的各方賢達，致上由衷的感謝。

作者與編審者簡介

【作者簡介】

木村亮示（Ryoji KIMURA）

波士頓顧問公司（ＢＣＧ）東京辦公室合夥人兼董事總經理，擔任日本ＢＣＧ人力資源團隊總負責人、亞太地區聘用團隊負責人，統籌管理顧問的選才、育才與人力資源管理等業務。曾任職於國際協力銀行（Japan Bank for International Cooperation）與ＢＣＧ巴黎辦公室。京都大學經濟系學士、巴黎高等商業研究學院（HEC Paris）經營管理碩士（MBA）。

木山聰（Satoshi KIYAMA）

波士頓顧問公司中部・關西辦公室合夥人兼董事總經理，擔任ＢＣＧ中部・關西辦公室內部整體營運管理業務，同時也是人事與人才顧問培育委員會領導者，從事培育顧問人才相關工作。曾任職於伊藤忠商事。東京大學經濟系學士。

波士頓顧問公司（BCG，Boston Consulting Group）

全球頂尖的管理顧問公司，客戶包括企業、政府、非營利組織等，橫跨各種行業。BCG以深入的洞察提供客製化的解決方案，從策略層面協助客戶因應挑戰、推動轉型，並且與客戶組織的各個層面密切協作，以確保客戶成為更具有競爭力的組織，獲得持續的競爭優勢。

一九六三年，BCG創立於美國波士頓；一九六六年，BCG在日本東京成立全球第二個辦公室，這也是BCG第一個設在美國總部之外的據點。

二〇一六年十二月（本書繁體中文版出版時間），BCG在全球四十八個國家設有八十五處辦公室。全球官網：http://www.bcg.com/

【編審者簡介】

徐瑞廷（JT HSU）

現任ＢＣＧ合夥人兼董事總經理、ＢＣＧ台北分公司負責人，歷年參與許多高科技與電信產業相關中長期策略、商業模式與全球化策略之規畫與執行專案，為ＢＣＧ全球競爭優勢小組（BCG Global Advantage）核心成員，曾任職於ＢＣＧ香港、上海、名古屋辦公室。台灣大學電機工程系學士，史丹福大學（Stanford University）電機工程碩士及聖塔克拉拉大學（Santa Clara University）企管碩士。

圖表索引

國家圖書館出版品預行編目資料

BCG頂尖人才培育術：外商顧問公司讓人才發揮潛力、持續成長的祕密／木村亮示，木山聰著；方瑜譯. -- 初版. -- 臺北市：經濟新潮社出版：家庭傳媒城邦分公司發行, 2016.12
面；　公分. --

ISBN 978-986-6031-96-0(（平裝）

1. 在職教育　2. 人力資源管理

494.386　　105021692